NOTICE

RELATIVE

A CERTAINS GITES METALLIFÈRES

DE LA PARTIE DES ALPES

Qui s'étend depuis les sources de la Romanche et du Drac
jusqu'à la vallée de l'Isère,

POUR SERVIR DE POINT DE DÉPART A DES ÉTUDES APPROFONDIES SUR CES GITES, SUR L'EXPLOITATION DES PLUS AVANTAGEUX, ET SUR LE TRAITEMENT DE LEURS MINERAIS;

PAR A. RIVIÈRE.

PARIS.

—

OCTOBRE 1850.

Paris.—Imp. Lacour et Ce, r. Soufflot, 11, et r. St-Hyacinthe-St-Michel, 33

TABLE DES MATIÈRES.

—

AVANT-PROPOS.

Cette notice a été écrite dans le but de faire mieux connaître les richesses minérales d'une partie de notre territoire, et d'appeler sur elles l'attention des hommes sérieux, surtout dans un moment où les esprits sont tournés vers des régions lointaines et des spéculations hasardeuses. Il serait, en effet, rationnel de tirer d'abord parti de nos propres richesses avant d'aller en chercher dans d'autres pays : en exploitant sur notre territoire, on emploirait, il nous semble, plus utilement et les bras et les capitaux français.

D'après son titre, notre notice a pour objet de servir de point de départ à des études approfondies sur certains gîtes métallifères du Dauphiné, sur l'exploitation des plus avantageux et sur le traitement de leurs minerais. C'est pourquoi, nous y avons exposé sommairement les principaux faits, et donné le résultat de nos impressions avec le canevas de nos idées, pour des projets ultérieurs, en nous tenant, du reste, dans la réserve que commande toujours la prudence, lorsqu'il s'agit de questions industrielles, où de graves intérêts doivent nécessairement être engagés.

PREMIÈRE PARTIE.

CHAPITRE I.

DES RICHESSES MINÉRALES DE LA PARTIE DES ALPES QUI S'ÉTEND DEPUIS LES SOURCES DE LA ROMANCHE ET DU DRAC JUSQU'A LA VALLÉE DE L'ISÈRE, PRÈS DE GRENOBLE.

La constitution géologique de la partie des Alpes qui s'étend depuis les sources de la Romanche et du Drac jusqu'à la vallée de l'Isère, près de Grenoble, remarquable par l'abondance de ses eaux minérales et devenue classique, comme certains districts de la Saxe, de la Hongrie et du Cornouailles, par la variété des minéraux qu'on y trouve, suffirait à un observateur exercé pour démontrer que cette contrée doit renfermer beaucoup de richesses minérales, si les gens du pays n'avaient depuis longtemps découvert un grand nombre de gîtes de minerais utiles, dont quelques-uns ont été ou sont l'objet d'exploitations plus ou moins fructueuses.

D'un autre côté, les mouvements que cette contrée a subis à diverses reprises et à la suite desquels de nombreux filons étaient produits, ayant plissé, déchiré et porté à de grandes hauteurs différentes parties du sol, ont mis à nu beaucoup de gîtes métallifères, en ont ainsi facilité la reconnaissance superficielle, et permettent de suivre et d'étudier ces gîtes sur une vaste étendue. Cependant ce pays, qui a fait le sujet des plus belles pages des géologues, a été étudié plutôt sous le point de vue de l'histoire naturelle que sous celui de l'industrie : on peut même dire qu'aucune étude très sérieuse n'y a été faite jusqu'à présent dans un but industriel. Il est possible que cette contrée ne soit pas plus riche en gîtes exploitables que beaucoup d'autres; mais montrant à nu une partie des richesses que ses entrailles renferment, présentant un relief très accidenté et de nombreux cours d'eau, elle est, en réalité, l'une de celles où l'industriel peut faire des recherches et établir des exploitations sur une plus grande échelle, avec plus de facilité, moins de tâtonnements, et, par conséquent, l'une de celles qui lui offrent le plus de chances de succès pour la même somme de dépenses

Malgré le peu de développement des travaux de recherches et d'exploitation qui ont été faits dans la contrée avec assez d'intelligence et de suite, on connaît aujourd'hui :

Des gîtes de minerais d'argent : à Champoléon, à l'Argentières, aux Challanches, à la Combe-Niveuse, à Senepy, aux Merles, à la Grand'Roche, au Pontraut, au Mollard, à l'Auris, à la Gardette, etc.;

Des gîtes de minerais de plomb : à Champoléon, à la Peyrère, à la Longerolle, au Grand-Lac, à la Fayolle, à la Combe du Lac, au Ravin, au Pey, au Grand-Tarmet, au Grand-Vent, au Brouflier, à la Grand'Roche, à la Combe de l'Ours, au Mollard, aux Challanches, à Oulles, à la Fare, à Séchilienne, à Theys, à Pierre-Rousse, à Brandes, au Lac-Blanc, à l'Herpie, au Grand-Galbert, etc. ;

Des gîtes de minerais de zinc : à la Peyrère, à la Longerolle, au Grand-Lac, à la Fayolle, au Mollard, à Riftord, à l'Eugénie ou Grand-Roc, à Séchilienne, à Pierre-Rousse, etc. ;

Des gîtes de minerais de cuivre : à Champoléon, à la Peyrère, à la Longerolle, à la Fayolle, à la Combe-Niveuse, au Ravin, au Grand-Vent, aux Sables, à Riftord, à Brandes, au Lac-Blanc, à l'Herpie, au Grand-Galbert, à Oulles, à Theys, à la Cochette, à la Gardette, etc. ;

Des gîtes de minerais aurifères : à la Gardette, au Pontraut, au Mollard, à l'Auris, à la Cochette, aux Challanches, à Theys, etc. ;

Des gîtes de minerais de cobalt et de nickel : aux Challanches, etc. ;

Des gîtes de minerais d'antimoine : aux Challanches ;

Des gîtes de minerais de fer : dans un grand nombre de localités, où ils sont souvent exploités pour être ensuite traités dans les fonderies de Riouperou et d'Allevard.

Des minerais d'autres métaux non précieux ont été trouvés dans divers gîtes.

Le tellure fait partie des minerais de la Gardette ;

le mercure de ceux des Challanches et de Pellancou. Enfin M. Gueymard, doyen de la faculté des sciences de Grenoble, et ingénieur en chef directeur au corps national des mines, actuellement en retraite, l'un des membres les plus distingués de ce corps, qui a étudié pendant plus de trente années la contrée, et qui, par conséquent, la connaît le mieux sous le rapport de l'industrie minérale, y a constaté depuis quelque temps un certain nombre de gîtes de minerais platinifères.

Parmi les gîtes précités, un certain nombre sont aujourd'hui exploités; il en est même qui le sont, ou qui l'ont été à diverses reprises, depuis un temps immémorial. Néanmoins, en laissant de côté les exploitations des anciens, sur lesquelles on ne possède aucun renseignement précis, et dont on ignore les époques respectives, il n'y a eu, dans les gîtes qui ont été exploités, des travaux de quelque importance que depuis le dernier siècle; et ces gîtes n'ont commencé à être étudiés avec soin que sous l'administration de MM. Schreiber et Héricart de Thury; on peut même ajouter que l'on ne possède de données positives à leur égard que depuis les études de MM. Héricart de Thury, Gueymard, Gras et Graff. Au reste, beaucoup de gîtes sont encore intacts, et ceux qui ont été exploités ou explorés, ne l'ont généralement pas été avec toute l'habileté nécessaire, ni sur une échelle convenable. En sorte que l'exploitation et même l'exploration des gîtes de la contrée, en exceptant toutefois ceux des Challanches, de l'Argentière et quelques autres, ont à peine été ébauchées : car jamais le flambeau de la géologie moderne n'y a pénétré profondément, et jamais l'industriel n'y a porté une main hardie. A cette heure, les gîtes des Alpes dauphinoises sont peut-être encore moins connus par les industriels, que ne l'étaient naguère les mines des bords du Rhin et de la Belgique, aujourd'hui si productives (mais dont plusieurs des plus importantes sont malheureusement tombées, malgré la marche sûre et simple que nous avions tracée, dans des mains trop inhabiles pour en tirer tout le parti qu'elles offriraient à des spéculateurs intelligents). Cet état de choses ne doit surprendre personne; il en est ainsi de la plupart des gîtes de la France : c'est, du reste, l'histoire de toute contrée industrielle; et un jour l'on sera aussi étonné de voir les richesses minérales qui auront été découvertes, qu'on le serait si l'on se reportait à la fin du siècle dernier, et si l'on comparait nos ressources actuelles avec celles d'alors.

Dans les gîtes métallifères des Alpes que nous venons de mentionner, les travaux d'exploitation ou de recherches ont été, non-seulement peu développés en étendue; mais, pour la majeure partie, ils ont été limités à la surface, et n'ont pas été conçus d'après des vues d'ensemble; par suite, ils n'ont jeté qu'une faible lumière sur ces gîtes. Quoique les importances relatives, et même le nombre des gîtes de la contrée soient encore indéterminés, nous savons, d'après nos propres études, que ces gîtes constituent un ensemble de filons, d'amas, etc.; que les uns sont réguliers, et les autres irréguliers; qu'enfin, plusieurs d'entre eux offrent de grandes ressources pour l'industrie métallurgique.

Il n'entre pas dans notre cadre de parler de tous les gîtes, d'autant plus qu'aucun acte de prise de possession ou de priorité n'ayant encore été fait à l'égard de plusieurs de ces gîtes, il y aurait du danger pour les personnes qui les ont découverts, et qui veulent, à juste titre, en tirer parti, à les faire tous connaître dès maintenant. Nous ne présenterons donc des documents que sur un certain nombre d'entre eux, et nous ne donnerons même des détails que pour quelques-uns. Au reste, les faits généraux qui se rapportent à ceux-ci, se rapportent également aux autres, surtout si, comme nous le pensons, plusieurs des gîtes connus aujourd'hui, qui se trouvent situés à des distances plus ou moins considérables les uns des autres, et qui ont été chacuns regardés comme des gîtes essentiellement distincts, ne sont réellement que la continuation et l'affleurement des mêmes gîtes en des points différents.

CHAPITRE II.

CONSIDÉRATIONS GÉNÉRALES SUR LA NATURE, LE RÉGIME ET LES CONDITIONS ÉCONOMIQUES DE QUELQUES GITES MÉTALLIFÈRES.

Les gîtes sur lesquels nous allons présenter des documents suffisamment circonstanciés pour le moment, sont au nombre de vingt-un, savoir (voyez la carte ci-jointe) :

Le Chapeau,	commune	de Champoléon;
La Gardette,	id.	de Villard Eymond;
La Peyrère, La Longerolle, Le Grand-Lac,	id.	de Laffrey;
La Fayolle,	id.	de Saint-Theoffrey;
Le Senepy, Les Merles,	id.	de Prunières;
La Combe-Niveuse,	id.	de Saint-Arey;
La Combe du Lac, Le Ravin,	id.	d'Entraigues;
Le Pey, Le Grand-Tarmet,	id.	de Lavaldens;
Le Grand-Vent, Le Brouffier, La Grand'Roche,	id.	de Lamorte;

La Combe de l'Ours, } id. de Livet et Gavet;
Les Sables, }
Le Mollard, id. d'Allemont;
Riftord, } id. de Mizoëns.
L'Eugénie ou Grand-Roc, }

Plusieurs de ces gîtes sont déjà concédés ou permissionnés, et à l'égard des autres on a pris les mesures nécessaires pour s'assurer des droits aux concessions.

Tous les gîtes, en exceptant une des mines d'or (La Gardette), sont pour ainsi dire à l'état vierge; il en est même un certain nombre où l'on n'a jamais fait de travaux d'exploitation, ni de recherches : de sorte que l'on ne pourrait dès aujourd'hui être définitivement fixé sur toute leur richesse et leur valeur.

Les gîtes dont il est question offrent des minerais :

D'argent,
De cuivre,
De plomb,
De zinc,
D'or,

et de plusieurs autres métaux.

Tantôt ces gîtes renferment à la fois des minerais de plusieurs métaux; tantôt ils ne renferment, industriellement parlant, que des minerais d'un seul métal; mais, en général, ils contiennent à la fois des minerais de plusieurs métaux. Un même gîte constitue donc tantôt une mine d'un seul métal, tantôt une mine de plusieurs métaux; et pris dans leur ensemble ces gîtes peuvent donner lieu à des mines :

D'argent,
De cuivre,
De plomb,
De zinc,
D'or, etc.

Les gîtes doivent être classés en gîtes réguliers et en gîtes irréguliers (1). Il n'existe entre ces deux classes de gîtes que des rapports de situation et de formation, c'est-à-dire que les gîtes irréguliers ont été formés au détriment des gîtes réguliers et dans une certaine position par rapport à ceux-ci.

Les gîtes irréguliers comprennent : des pseudo-couches, des amas, des nids, des rognons, etc. Ils se trouvent à la surface des dépôts, dans des cavités, des poches, des fentes de diverses formes, au milieu des couches, etc. Mais présentant souvent une certaine régularité dans leur disposition, ils peuvent être divisés en gîtes irréguliers proprement dits, et en gîtes pseudo-réguliers : tels sont ceux qui existent au milieu de couches, dont ils affectent les allures, et ceux qui se trouvent dans des fentes assez régulières et plus ou moins remplies de haut en bas par voie de transport, de concrétion, etc.

Dans la première catégorie, il n'y a que quelques amas qui, en raison de leur grand développement,

(1) Voyez notre notice intitulée : Extrait d'un mémoire sur les filons métallifères, principalement sur les filons de blende et de galène, que renferme le terrain de la Grauwacke de la rive droite du Rhin, dans la Prusse, et sur le traitement métallurgique de la blende. in-8. Paris.

méritent d'être pris en considération pour une exploitation rationnelle. Dans la deuxième catégorie, au contraire, on peut souvent établir et conduire assez régulièrement les travaux de recherches et d'exploitation ; mais on ne saurait jamais être certain de la durée de l'exploitation, de la quantité de minerai, ni de la richesse de celui-ci.

Les gîtes irréguliers sont ordinairement dans des terrains moins anciens que ceux où se trouvent les gîtes réguliers (filons originaires); c'est généralement dans les roches du lias (calcaire, calschiste, phyllade, dolomie, grès, etc.). Ils proviennent du démantèlement des filons originaires, du transport et de l'enfouissement des matériaux de ceux-ci, mêlés plus ou moins à d'autres matières, dans des fentes, des poches, des couches, etc. Non-seulement ils sont plus circonscrits et plus irréguliers que les gîtes originaires, mais encore les minerais y sont plus mêlés à d'autres matériaux et plus altérés ou décomposés que dans les gîtes originaires. Quant à la position, au régime et à la puissance des gîtes irréguliers, il existe un certain ordre de relations entre eux et avec les gîtes réguliers, qu'il importe d'étudier soigneusement et spécialement dans chaque localité. Au reste, tous les gîtes irréguliers de quelque importance sont accompagnés de gîtes originaires ou réguliers : c'est un fait capital soit pour l'étude des gîtes irréguliers, soit pour celle des gîtes réguliers.

La puissance des gîtes irréguliers est considérable en certains points; mais elle est variable comme l'allure de ces gîtes. Néanmoins, pour les principaux gîtes, il est possible, nous le répétons, de rattacher dans une même localité leur puissance et leur allure à des faits généraux. Ce sont surtout la disposition du terrain encaissant et la relation des gîtes irréguliers avec les gîtes originaires ou réguliers qui doivent servir de guide dans les inductions.

Le mode de recherches et d'exploitation est très variable dans les gîtes irréguliers ; il convient d'adopter pour ces gîtes tantôt des travaux à ciel ouvert, tantôt des travaux par puits et galeries.

Pour d'autres considérations générales sur les gîtes irréguliers, nous renverrons à notre notice déjà citée, et pour les détails, aux documents que nous présenterons lorsque nous parlerons de chaque gîte en particulier.

Les gîtes réguliers consistent en des filons normaux, résultant de fentes indéfinies en profondeur et même en longueur qui, à certaines époques géologiques, ont été remplies en totalité ou en partie, de bas en haut, soit par des vapeurs, soit par des matières en fusion (1). Ces filons se ramifient souvent vers la surface du sol; c'est-à-dire que dans un même gîte, les affleurements différents, situés sur des lignes différentes parallèles ou non, sont les diverses branches ou appendices d'un filon, et se réunissent dans la profondeur entre elles et au corps principal du filon, auquel elles donnent ainsi un plus grand développement. La puissance des filons, prise

(1) Voyez encore notre notice précitée pour des considérations générales sur les filons proprement dits.

à la surface ou aux affleurements, varie depuis quelques centimètres jusqu'à près de deux mètres; leur richesse en minerai varie comme leur puissance, mais elle augmente ordinairement comme celle-ci avec la profondeur. Certain nombre de ces filons présentent une grande régularité dans leur allure (1). Ils se trouvent constamment encaissés dans les terrains cristallins anciens, dont les roches principales sont : la protogyne, le granite, la gneigyne, le gneiss, le micaschiste et le talcschiste. Ils ne se montrent que dans les lieux où les roches anciennes qui les encaissent sont à découvert, principalement sur les hauteurs et les flancs escarpés, où apparaissent toujours ces roches. Il en est que l'on peut suivre à une grande distance, et qui du sommet d'une montagne passent sur la montagne opposée, à travers les vallées, sans autre interruption que celle produite par des dépôts plus modernes qui les cachent à l'œil de l'observateur peu exercé. Ces filons se rencontrent ou se coupent quelquefois entre eux, et offrent ainsi des entre-croisements plus ou moins compliqués; d'autres fois ils sont traversés par des filons, des dykes, des boutons ou des typhons de roches d'origine ignée, mais de formations postérieures, telles que les roches dioritiques, les spilites ou mélaphyres. Dès lors ils sont soumis à des étranglements, à des renflements, à des failles, à des dérangements, à des rejets plus ou moins considérables. Dans tous

(1) L'allure générale d'un filon comprend plus particulièrement la direction et l'inclinaison du corps principal du filon.

les cas, ils suivent les lois habituelles aux filons, et constituent un certain nombre de systèmes de filons indépendants par leurs directions, leurs régimes et la nature de leurs minerais dominants. Ils coupent plus ou moins la stratification ou la fissilité des roches encaissantes. Leurs gangues, ordinairement composées de quartz et de barytine, sont réparties d'une manière peu uniforme, et appauvrissent quelquefois par leur prédominance en divers points les filons; mais on peut toujours se rendre compte de ces accidents, généralement les prévoir et tourner les difficultés.

Ces filons sont souvent rubannés, quand ils offrent plusieurs minerais à la fois; au reste, il y a toujours un ou deux minerais qui dominent. Dans chaque filon le minerai principal est plus ou moins abondant, et se trouve plus ou moins mélangé avec la gangue sous diverses formes; mais en général, nous le répétons, le filon, y compris sa gangue, augmente de puissance et de richesse en minerai avec la profondeur.

Les filons dont il s'agit peuvent être divisés en plusieurs systèmes indépendants d'après leurs directions respectives et la nature de leurs minerais dominants ; voici les principaux :

1° Filons cuivreux,
2° Filons plombeux,
3° Filons ferrugineux,
4° Filons aurifères.

Dans les filons, les minerais les plus abondants sont des métaux sulfurés, oxydés ou carbonatés.

En général, les travaux n'ont été pratiqués que sur les gîtes irréguliers, parce que ceux-ci sont plus apparents et qu'ils atteignent en certains points un développement considérable; ils sont en même temps d'une exploration plus facile et d'une plus grande production pour de petits exploitants, qui ignorent l'art des mines, que les gîtes réguliers ou originaires : ce serait le contraire pour des exploitants sérieux et éclairés.

Selon certains ingénieurs, les gîtes métallifères des Alpes dauphinoises diminueraient de puissance avec la profondeur. Or, il est évident, d'après la simple inspection des lieux, que ces ingénieurs ayant confondu les gîtes réguliers avec les gîtes irréguliers et pris ainsi les gîtes irréguliers pour des gîtes réguliers, qu'en outre les principaux travaux ayant été faits dans les gîtes irréguliers et les autres gîtes ayant été laissés pour ainsi dire intacts, ces savants ont rapporté l'amincissement des gîtes irréguliers aux gîtes réguliers; qu'enfin le sol ayant éprouvé plusieurs fois des plissements, des cassures, des dislocations considérables, il doit y avoir de distance en distance des étranglements qui, dans la profondeur, forment autant de systèmes de niveaux que de systèmes d'étranglements généraux ; que par conséquent les travaux, dans lesquels on a observé une diminution de puissance avec la profondeur, ou se rapportent à des gîtes irréguliers, ou n'ont pas encore atteint le deuxième niveau des gîtes réguliers.

Abstraction faite des accidents locaux, des renflements, des resserrements, des failles, des rejets, etc., qui sont des infiniment petits, eu égard à la longueur et à la profondeur des filons, ceux-ci augmentent sinon de richesse, du moins de puissance avec la profondeur, ont des allures déterminables en grand et sont susceptibles d'être systématisés ; d'ailleurs ils suivent dans leurs régimes respectifs les lois générales qui sont propres aux filons, lois qui paraissent compliquées aux yeux des exploitants ordinaires, mais qui sont très simples pour des exploitants habiles et expérimentés. Telle est notre opinion basée sur l'observation des faits dans les Alpes dauphinoises, et sur leur comparaison avec ceux que nous avons eu occasion d'étudier théoriquement et pratiquement dans beaucoup d'autres contrées.

Il est donc certain aujourd'hui, pour nous, que la contrée alpine dont nous parlons renferme bon nombre de gîtes métallifères, et que plusieurs d'entre eux offrent de grandes ressources. Or, s'il y en a qui sont pour ainsi dire inépuisables, il en est également qui donnent des minerais dont les teneurs en argent sont vraiment extraordinaires, et auxquelles des hommes sérieux ne sauraient croire (1), si les faits n'avaient été rigoureusement constatés, tant par des rendements en grand que par des essais. Par exemple, le minerai brut du gîte du Chapeau (Champoléon) renferme depuis 1/2

(1) Nous avouons que nous étions naguères au nombre des incrédules, malgré toute la confiance que nous devions avoir dans les assertions des personnes de savoir et de pratique, qui nous avaient annoncé de pareilles teneurs; mais nous avons dû bientôt nous incliner devant des preuves sans réplique.

jusqu'à 12 pour 100 d'argent, et l'on a retiré d'un seul rognon de ce minerai pour plus de 25,000 fr. d'argent; tandis que, dans les mines de Poullaouen et d'Huelgoët (Bretagne), de Pongibaud (Auvergne), des bords du Rhin (Prusse) et dans beaucoup d'autres, a exploité et l'on exploite encore avec avantage, même dans des conditions d'exploitation moins favorables que celles offertes par les gîtes des Alpes, c'est-à-dire à grands frais, des galènes qui ne renferment qu'un millième et souvent pas un millième d'argent. Évidemment la mine du Chapeau est la plus riche de l'Europe, si le gîte présente une certaine importance, et le minerai de la constance dans sa teneur en argent.

Les autres gîtes, qui ne sont pas aussi argentifères que celui du Chapeau, ou qui ne le sont point, se comportent comme tous les gîtes de minerais de plomb, de cuivre, de zinc, etc. Un grand nombre, sinon tous, se présentent dans d'excellentes conditions d'exploitation et de traitement. Les plus importants, à notre avis, sont ceux des minerais de cuivre, de plomb et de zinc. Le cuivre s'y trouve principalement à l'état de sulfure jaune ou gris; le plomb à l'état de sulfure ou de galène, et le zinc à l'état de sulfure ou de blende.

Personne n'ignore la valeur de l'argent; on connaît également celles du cuivre, du plomb et du zinc. Il est donc possible d'apprécier, jusqu'à un certain point, l'importance industrielle des gîtes des Alpes qui se présentent dans des conditions avantageuses d'exploitation. C'est pourquoi nous croyons qu'il serait d'une économie bien entendue et d'un patriotisme bien compris, au lieu de porter nos ressources et notre sollicitude au dehors pour des spéculations plus ou moins aventureuses, de prendre en sérieuse considération les gîtes des Alpes dauphinoises, surtout lorsqu'il s'agit de métaux de première nécessité que la France est obligée de tirer en grande partie d'autres pays, et qui, dès lors, sont nécessairement soumis à tous les désavantages et inconvénients des produits étrangers.

L'ensemble de tous les gîtes de la partie des Alpes dont il est ici question, doit être divisé en deux catégories :

La première comprend ceux qui sont immédiatement, régulièrement et sûrement exploitables ;

La deuxième comprend ceux pour lesquels il est nécessaire de faire des études et des recherches.

Les principaux gîtes réguliers doivent faire l'objet d'une exploitation plus ou moins immédiate, plus ou moins développée, et d'une durée indéfinie.

Quant aux gîtes irréguliers, plusieurs se présentant avec un grand développement, ils doivent entrer comme l'un des éléments d'une exploitation immédiate, mais qui aura probablement sa limite dans l'avenir de l'opération. Aussi serait-il rationnel de porter les principaux travaux sur les gîtes réguliers.

Relativement aux gîtes parfaitement reconnus, les études préliminaires se borneront à des tracés de plans généraux et de détails pour établir régugulièrement les travaux de mines, pour organiser les meilleurs moyens mécaniques, ceux de transport, etc.

En ce qui concerne les gîtes peu connus, les études préliminaires devront comprendre une série d'opérations géométriques et géologiques, puis certains travaux de recherches, tant à la surface que dans l'intérieur des gîtes. A cet effet, il faudrait pour chaque gîte : 1° dresser sur une grande échelle (à un dix-millième au moins) le plan de la surface du terrain qui le renferme, afin d'y tracer avec détail les affleurements et les allures du gîte proprement dit, ainsi que les allures des roches encaissantes et de toutes celles qui sont en relation avec le gîte; 2° faire, à partir du gîte et en se dirigeant vers les vallées, des nivellements sur grandes échelles, mais communes pour les hauteurs et les distances, en ayant soin d'indiquer sur les profils les affleurements, les allures, etc.; 3° au moyen du plan et des profils où se trouveront les indications d'affleurements, d'allures, etc., établir des coupes qui détermineront la projection ainsi que les autres éléments du régime du filon.

Ces données suffisent pour apprécier sainement tout ce qui est relatif à la première reconnaissance du gîte; les travaux de mine proprement dits peuvent seuls ensuite fixer sur l'importance du gîte. Mais ces travaux doivent se borner à une reconnaissance en profondeur, au moyen de tranchées et de galeries pratiquées en des points que déterminent les questions à résoudre, d'après les résultats des études préliminaires. Enfin, par la coordination des résultats des études et des travaux indiqués précédemment, on déduit une topographie superficielle et souterraine exacte, qui fixe sur l'opportunité de l'exploitation, sur son importance, ainsi que sur la direction à donner aux travaux.

On voit, d'après ces explications, comment les questions essentielles qui se rapportent aux gîtes, sont ramenées à des questions élémentaires. Cependant les choses ne sont pas aussi simples pour les gîtes irréguliers; non seulement les problèmes relatifs à ces gîtes sont souvent plus compliqués, mais encore ils ne sont pas toujours susceptibles de solutions aussi certaines.

Sans les études et les travaux préliminaires que nous venons d'indiquer sommairement, le mineur ne peut pas plus marcher dans les exploitations que le marin pourrait naviguer sans carte et sans boussole : il retomberait à chaque instant dans un labyrinthe d'indécisions, de tâtonnements, d'erreurs; et c'est faute d'avoir procédé comme nous l'avons indiqué plus haut, que tant d'exploitations ont été infructueuses et même ruineuses!

Les gîtes ayant été définitivement reconnus, on devra concentrer les exploitations régulières sur ceux qui se présenteront dans les conditions de puissance, de richesse et d'exploitation les plus avantageuses; il importera alors de marcher grandement, sans hésitation, d'après les plans d'exploitation qui auront été tracés, et qui seront toutefois rectifiés au moyen des nouveaux éléments fournis par la marche régulière des travaux.

Les observations précédentes sembleront être un hors-d'œuvre aux yeux de certaines personnes;

mais nous, qui avons pu apprécier grand nombre d'exploitations, nous ne croyons pas que dans l'intérêt de l'industrie sérieuse ces réflexions soient inutiles.

Après les questions spéciales aux gîtes, qui sont naturellement les premières questions des opérations minéralurgiques, il convient d'étudier les questions d'exploitation, de transport, des préparations mécaniques et des traitements métallurgiques.

Les gîtes qui ne sont pas exploitables à ciel ouvert, n'exigent que le mode d'exploitation le plus simple. Sans parler de la méthode d'exploitation en galeries et par gradins renversés, qui serait toujours applicable aux gîtes réguliers, ces gîtes, d'après la configuration du sol, se trouvant à une certaine hauteur au-dessus du fond des vallées, peuvent et doivent même être exploités au moyen de galeries débouchant du côté des vallées. Les galeries de service qui établissent les communications entre les travaux intérieurs et les chantiers au jour, serviront à la fois de galeries de roulage et d'écoulement. Les eaux, qui du reste sont peu abondantes dans les terrains encaissants, s'écouleront ainsi naturellement dans les vallées. En sorte que ni les eaux ni les déblais ne sauraient jamais gêner, et il ne serait nullement nécessaire d'établir des machines à vapeur ou autres machines d'un prix élevé. Les moyens mécaniques pour l'exploitation seraient donc ici très simplifiés par la nature et la position des gîtes. Enfin les gîtes se trouvant encaissés dans les terrains anciens on dans le lias, généralement formés de roches solides, le boisage ou le muraillement qui sont ordinairement pratiqués dans les mines, et qui augmentent considérablement les dépenses, seraient inutiles par suite de la solidité des roches encaissantes. Des conditions semblables aux précédentes facilitent les manœuvres, simplifient les services, et dispensent d'appareils qui chargent habituellement les frais des exploitations établies sur une grande échelle : aussi est-ce à la réunion de ces diverses circonstances et de plusieurs autres qu'est due la réduction, comparativement aux exploitations ordinaires, de la somme qui devrait être destinée aux travaux d'exploitation des gîtes Alpins.

Afin de tirer parti des minerais pauvres et de toutes les matières qui renferment du minerai en quantité suffisante, il faudra établir des usines pour les préparations mécaniques. Des conditions très favorables pour l'établissement de ces usines existent dans la contrée, car les cours d'eau et même les chutes d'eau ne sont pas rares dans le voisinage des gîtes. Il sera donc facile d'établir des bocards, lavoirs, etc., à bon marché et à proximité des principales mines; seulement les machines à eau seront obligées de chômer une partie de l'année à cause de la rigueur du climat, peut-être même à cause de la fonte subite des neiges. Cependant il deviendrait très possible de remédier à ce dernier inconvénient au moyen d'appareils auxiliaires et régulateurs, analogues aux brise-lames.

On devra donc établir plusieurs petites usines

pour les préparations mécaniques : l'une d'elles devrait être placée au pied de la mine d'argent la plus riche, sur la rive droite du Drac ; une seconde auprès des mines de Laffrey ; d'autres dans la vallée de la Romanche pour le service des mines de l'Oisans.

Tous les minerais purs et ceux qui auront été enrichis par les préparations mécaniques, devront être transportés en un point central. Le plus favorable est situé vers la réunion des deux routes de Briançon et de Gap à Grenoble, aux environs de Vizille, où l'on construirait deux usines : l'une pour le traitement des métaux précieux, l'autre pour celui du cuivre, du plomb et du zinc.

A Vizille, qui est déjà un centre manufacturier, les bras ne manquent pas, les matériaux sont à bon compte, des cours d'eau y existent en abondance, et les combustibles (charbon de bois et anthracite) y sont à bas prix (1).

Quant au traitement métallurgique des minerais, des usines marchant au charbon de bois existent déjà dans le pays ; mais pour des exploitants sérieux il se présente une question capitale à étudier avec soin, savoir : s'il y aurait réellement plus d'avantages à envoyer sur les bords du Rhône, par exemple à Vienne, certains minerais qui exigent une grande quantité de combustible et qui seraient alors traités avec la houille de Rive-de-Gier, que de les traiter sur les lieux soit avec la houille, soit

(1) Les hauts-fourneaux de la localité marchent au charbon de bois.

avec le charbon de bois, dont le prix est peu élevé dans la contrée; enfin, pour résoudre complétement la question, il conviendrait d'essayer si l'on ne pourrait pas employer avec avantage, pour le grillage et même une partie de la réduction de certains minerais, de l'anthracite du pays qui produit beaucoup plus de chaleur que la houille et qui ne coûte que 1 fr. à 1 fr. 50 c. les 100 kil. Des études ont déjà été faites sur ce sujet par l'un des ingénieurs qui, dans ces dernières années, ont contribué au progrès du traitement métallurgique de certains minerais; mais on ne saurait encore rien affirmer à cet égard, quoique nous ayons acquis la certitude morale de réussir, au moins pour le grillage des minerais, comme nous avions celle de parvenir à faire d'excellent zinc avec de la blende, lorsque nous avons essayé le premier à traiter en grand ce minerai, dont on ne tirait auparavant aucun parti.

Si l'on se décidait à la construction d'usines à Vizille, ce qui serait notre avis, il faudrait établir immédiatement pour le traitement des minerais d'argent tous les fourneaux de grillage, de fusion, de coupellation, etc., comme devant marcher exclusivement à la houille ou au charbon de bois. Plus tard, on pourrait faire des fourneaux d'essai comparatif marchant à l'anthracite. Pour le traitement des minerais de cuivre et de plomb, on agirait de même, mais, en proportion, sur une échelle moindre, afin d'essayer de suite des fourneaux de grillage marchant à l'anthracite. Pour le traitement des minerais de zinc, les fourneaux seraient complétement des fourneaux d'essai; car, économiquement parlant, il n'y aurait peut être rien, dans le cas d'insuccès, à établir ni à la houille ni au charbon de bois pour le traitement régulier de ces minerais, qu'il faudrait alors se borner à vendre, pour l'alimentation des usines de Vienne, soit après les avoir simplement bocardés et lavés, soit après en avoir retiré le soufre, pour la fabrication ou non de sulfates, au moyen du passage des vapeurs sulfureuses dans des dissolutions d'oxides métalliques ou autres. On disposerait donc deux fourneaux de grillage avec un fourneau de réduction pour marcher à l'anthracite. Si après une série d'essais plus ou moins variés (avec l'aide ou non d'eau, de vapeur, de certains gaz carburés, etc.), le traitement à l'anthracite réussissait, on développerait convenablement l'usine pour un traitement régulier et en grand des minerais de zinc.

Relativement aux méthodes de traitement, nous en dirons un mot lorsque nous donnerons des détails sur les gîtes et leurs minerais.

Les gîtes sont concentrés en plusieurs points, comme on peut le voir sur la carte ci-jointe; il n'y a que celui du Chapeau qui se trouve à une assez grande distance des autres gîtes et de Vizille. Mais d'un côté la mine du Chapeau est située auprès de bonnes routes; d'un autre côté son minerai argentifère est d'une si grande valeur, que la question de transport n'a aucune importance pour cette mine. En somme les grandes routes de Grenoble à Briançon et de Grenoble à Gap passent généralement au pied des gîtes ou dans leur voisinage; de plus, chaque gîte se trouve auprès de routes départementales ou de chemins vicinaux, comme on peut s'en assurer au moyen de la carte ci-jointe, quoique nous n'y ayons tracé que les principales voies, c'est-à-dire que les chemins de grande communication. Toutes les routes, principalement celles tracées dans les vallées qui conduisent à la vallée de l'Isère, sont très belles ; les chemins seuls qui vont des vallées aux affleurements des gîtes situés dans les montagnes, laissent quelque chose à désirer ; au reste, les distances qui séparent les gîtes des vallées, sont en général assez petites ; et, si l'on avait des transports considérables à effectuer, il serait souvent facile de les faire au moyen de plans inclinés à rails ou de conduits en bois, dont le prix est peu élevé dans ce pays de montagnes.

De prime abord, il doit paraître étonnant que dans des conditions aussi favorables que celles qui caractérisent les principaux gîtes des Alpes dauphinoises, les habitants du pays n'aient pas tiré un meilleur parti de leurs richesses ; que beaucoup de gîtes n'aient jamais été exploités, et que certaines exploitations aient été négligées ou même abandonnées. C'est, nous le répétons, l'histoire de plus d'une contrée de mines ; d'ailleurs on concevra facilement cet état de choses pour les gîtes des Alpes, si l'on tient compte du caractère et des habitudes des gens du pays, de leurs faibles ressources pécuniaires et scientifiques, des événements politiques et des crises financières qui ont plusieurs fois jeté du trouble dans la contrée, de la difficulté présentée par certaines localités pour une exploration suivie, et que des ingénieurs étrangers au pays ne pouvaient naguère entreprendre qu'au péril de leur vie, enfin de différentes tentatives d'exploitation qui ont généralement eu lieu dans des gîtes irréguliers, qui ont été mal dirigées, qui ont conduit à des écoles, et qui n'ont pu produire que de petits résultats et des impressions peu favorables à de grandes entreprises. Cet ensemble de circonstances a dû naturellement empêcher que l'on s'occupât sérieusement d'exploitations nouvelles, et que l'on donnât du développement à celles qui existaient déjà. D'autres causes réunies aux précédentes ont également empêché l'industrie étrangère de pénétrer dans ce pays, aussi riche que neuf sous un point de vue industriel.

Dès à présent il serait difficile de prévoir l'importance des résultats d'une exploitation bien entendue ; il serait même téméraire de l'indiquer approximativement, par conséquent de poser, comme on a l'habitude de le faire, des chiffres sur les produits présumables. A notre avis, pour des opérations qui se présentent dans de semblables circonstances, tout calcul, même le plus élastique, établi avant le début des travaux, est illusoire : une saine appréciation des conditions principales est préférable pour les esprits judicieux et habitués à ces sortes d'entreprises. On ne pourra donc être fixé définitivement sur les résultats, qu'après l'exécution des premiers travaux, et qu'après un temps moral nécessaire pour apprécier la marche normale des opérations. Néanmoins on est en droit d'espérer que l'on aura bientôt des exploitations fructueuses, qui formeront de la contrée un nouveau centre d'industrie.

Après avoir exposé les données générales qui précèdent, nous allons parler de chaque gîte en particulier ; mais nous ne décrirons pas en détail tous les gîtes : nous présenterons seulement les documents les plus essentiels pour le moment, nous réservant toutefois de les compléter et de les préciser avec les plans, lors de l'installation des travaux et à mesure de l'avancement de ceux-ci, si l'on se décidait à les entreprendre d'une manière convenable, et si l'on jugeait que notre concours fût nécessaire.

SECONDE PARTIE.

CHAPITRE I.

DES MINES D'ARGENT.

Nous comprenons sous le titre de mines d'argent, toutes celles qui contiennent des minerais dont la teneur en argent constitue la principale valeur de ces minerais, ou tout au moins une valeur assez grande pour être regardés plus particulièrement comme minerais d'argent. Ainsi les gîtes dont la galène, le cuivre gris ou autre minerai renferment plus d'un millième d'argent, doivent, abstraction faite de leur régime et de leur importance, entrer dans la catégorie des mines d'argent. Or, ces gîtes sont très nombreux dans la contrée ; nous citerons seulement les suivants :

Le Chapeau,
La Combe-Niveuse,
Senepi,
Les Merles,
La Grand'Roche,
Le Mollard, etc.

Des recherches suivies à l'égard de certains gîtes, et des essais de leurs minerais, restent à faire pour connaître exactement le nombre des mines d'argent.

Nous allons présenter quelques détails sur plusieurs des mines d'argent qui doivent être l'objet d'exploitations ou de recherches, laissant de côté celles qui appartiennent à des sociétés déjà organisées, et celles que nous ne pourrions faire connaître sans préjudice pour des intéressés.

MINE DU CHAPEAU.

Historique de la découverte du gîte du Chapeau et des travaux qu'on y a exécutés.

Quoiqu'un assez grand nombre de naturalistes et d'ingénieurs eussent depuis longtemps visité l'intéressant gisement de spilite, de dolomie, de protogine, etc. du Chapeau, point invoqué plus d'une fois par les géologues pour appuyer certaines théories, le gîte métallifère du Chapeau n'a été réellement découvert que vers 1846. Cette découverte a été faite par des habitants du pays, MM. Boisseranc et Martin, qui s'occupent avec intelligence de la recherche des gîtes dans la contrée. Des échantillons furent recueillis par eux et portés à M. Gueymard; ce savant ingénieur fit l'analyse des minerais qui lui avaient été remis, et, frappé de leur richesse en argent, il fut étudier lui-même le gîte, prit sur les lieux de nouveaux échantillons et répéta une série d'essais dans le laboratoire de la Faculté des sciences de Grenoble. Les résultats de cette série d'essais ayant pleinement confirmé les premiers, quelques travaux, insignifiants il est vrai, furent commencés dans le gîte sur les indications de M. Gueymard; puis une demande en concession fut adressée à l'administration et bientôt instruite.

Enfin la concession du gîte du Chapeau fut accordée, par ordonnance royale en date du 16 janvier 1848, à MM. J. Martin, J.-F. Boisseranc et Comp[e]

Depuis cette époque, les événements politiques, deux hivers, dont le dernier a été très long et très rigoureux, la distance qui sépare le gîte de la demeure des principaux concessionnaires, les nombreuses occupations de ceux-ci, et, qu'ils nous permettent de le dire, l'inexpérience des mines chez tous, ainsi que plusieurs autres causes, ont contribué à apporter de l'incertitude dans le tracé des travaux et de la lenteur dans leur exécution. D'un autre côté, les concessionnaires ayant tour-à-tour perdu et retrouvé les traces du gîte durant le cours de leur petite exploitation, n'ayant point d'idées bien arrêtées pour la direction à imprimer aux travaux, et n'ayant ainsi procédé que par tâtonnement, n'ont jamais établi les travaux de recherches et d'exploitation d'une manière régulière, ni sur une échelle convenable. En somme, ils ont employé le temps à tracer un chemin pour conduire sur une partie des affleurements, à faire quelques attaques en divers points au moyen de petites galeries, à commencer une galerie d'écoulement, à exploiter le minerai qu'ils trouvaient dans le cours de leurs travaux, à essayer et traiter une partie du produit de l'exploitation. En outre, M. Gueymard et l'un des concessionnaires, M Vicat fils, ancien élève de l'école Polytechnique, ont reconnu le gîte à la faveur des affleurements et de l'avancement des travaux. Enfin, M. Gueymard, qui avait bien voulu avec sa générosité et son ardeur habituelles prêter le secours de ses lumières, et qui s'est occupé plutôt des essais et du traitement des minerais que des travaux de recherches et d'exploitation, a multiplié les essais, et en a consigné les résultats intéressants dans plusieurs notices (1).

Pendant le petit laps de temps que les concessionnaires ont pu employer à l'exploitation, ils ont extrait un certain nombre de tonnes de minerai; mais n'ayant point, sur les lieux, d'usine pour les préparations mécaniques, ils n'ont enlevé que les produits très riches de l'exploitation, laissant le reste dans les déblais ou sur le carreau. Malgré l'échelle très restreinte de leur exploitation et la petite quantité de minerai qu'ils ont enlevé, les concessionnaires n'en ont pas moins retiré plus de 75,000 fr. Au reste, voici un extrait des registres qui ont été tenus avec beaucoup de régularité par M. Paul Gueymard, pour le compte des intéressés.

1° Dépenses de toutes natures, y compris les frais généraux (2) :

Année 1846	5,583 f.	35 c.
— 1847	5,016	65
— 1848	2,898	95
— 1849	3,260	05
— 1850 (jusqu'à septembre)	1,129	70
Total	17,888 f.	70 c.

(1) Annales des mines, 4e série, t. XVI.

(2) Les frais de transports des minerais de Grenoble à Vienne, ne sont pas compris dans ces dépenses, puisqu'ils sont déduits ainsi que les frais de traitements sur les recettes de la vente des minerais.

2° Recettes, déduction faite des frais de transports et de traitements :

Année 1847..................	10,416 f. 10 c.
— 1848..................	4,818 05
— 1849..................	2,520 »
— 1850..................	4,529 »
Minerai en magasin à Vienne.....	10,000 »
Total....	32,283 f. 15 c.

Plus, en magasin à Grenoble :

1° Minerai riche, environ.....	2,000 kil.
2° — moins riche, environ	1,150 kil.
Enfin, sur le carreau de la mine (jusqu'en septembre dernier), minerai de teneur moyenne, environ...........	2,200 kil.

La comparaison de ces chiffres des dépenses et des recettes (soit en argent, soit en minerai) montre clairement que les concessionnaires ont eu jusqu'ici un rapport de plus de 300 pour cent.

Une partie des minerais a été traitée à Vienne dans l'usine de M. Piellat, l'autre partie est en magasin ou sur le carreau de la mine. Dans cette situation prospère, les concessionnaires allaient donner, avec leurs bénéfices, du développement aux travaux, lorsque M. Gueymard et nous, en qui les concessionnaires avaient toute confiance, leur avons conseillé d'accepter l'association de capitalistes, afin de faire des recherches plus sérieuses et d'établir l'exploitation sur une échelle plus convenable. Malgré leur prospérité et les propositions séduisantes qui leur étaient faites, les concessionnaires ont adhéré à notre combinaison. Hommes de beaucoup d'intelligence, quoi qu'étrangers aux mines, ils ont facilement compris tous les avantages qu'ils devaient retirer du développement immédiat des travaux, et surtout d'une bonne direction, pour l'avenir de l'opération.

Situation du gîte.

La mine du Chapeau est située dans la commune de Champoléon (arrondissement d'Embrun, et département des Hautes-Alpes) au lieu dit la montagne du Chapeau, et à 1 kilomètre environ au-dessus du Chatelard, qui est bâti sur la rive droite d'une des branches originaires du Drac. La hauteur des travaux audessus de la vallée du Drac est approximativement de 400 mètres; celle de la vallée au-dessus du niveau de la mer est de 1,400 mètres environ. La mine du Chapeau, située ainsi sur les confins des deux départements de l'Isère et des Hautes-Alpes, sera d'un accès très facile, lorsqu'on aura fait un chemin convenable depuis le Chatelard jusqu'aux affleurements et travaux. Aujourd'hui on éprouve assez de difficulté pour parcourir les affleurements du gîte irrégulier; on ne s'est même attaché à rendre d'un accès facile que les endroits où sont concentrés les travaux; et les points les plus essentiels à étudier, ceux où doivent se trouver les affleurements du gîte régulier, sont encore inaccessibles pour nous et pour bien d'autres personnes.

Dans tous les cas, la position du gîte est très favorable à l'exploitation : ce gîte dominant la vallée du Drac, on peut établir tous les travaux au moyen de galeries débouchant du côté de cette vallée. Non seulement on n'aura besoin d'aucune machine à vapeur ni autres machines dispendieuses, mais encore l'écoulement des eaux et les déblais s'effectueront naturellement dans la vallée; en sorte que tous les travaux pourront être établis de la manière la plus facile et la moins dispendieuse.

Nature du gîte.

Les roches qui constituent le sol du Chapeau et des alentours, sont principalement de la protogyne granitoïde ou schistoïde, du mélaphyre plus ou moins variolitique, du calcaire à belemnites et de la dolomie appartenant au lias, enfin du grès à nummulites, dépendant du terrain glauconique ou grès vert. Le Chapeau proprement dit est composé de mélaphyre (variolite du Drac), et c'est de la forme extérieure de la masse de cette roche qu'il tire son nom.

La protogyne, avec ses roches accidentelles ou subordonnées, constitue la base de cet ensemble de roches et se montre en très grandes masses au sommet de la montagne. Les couches du calcaire et de la dolomie qui sont plus ou moins puissantes, inclinées et tourmentées, recouvrent en partie la protogyne, principalement vers la base de cette roche; tandis que les couches du grès à nummulites couronnent çà et là, aux environs du Chapeau, toutes les roches, sans cependant se montrer sur les parties les plus élevées du pays, où apparaît constamment la protogyne avec d'autres roches cristallines anciennes. Enfin le mélaphyre traverse la protogyne, et se trouve en masses plus ou moins développées au milieu du calcaire et de la dolomie.

La protogyne avec ses roches accidentelles ou subordonnées, le mélaphyre, le calcaire et la dolomie, ainsi que le grès à nummulites, forment quatre séries de roches discordantes, indépendantes et d'âges différents. Les roches sédimentaires d'origine aqueuse (le calcaire, la dolomie et le grès) renferment plus ou moins des débris, soit de la protogyne, soit des filons qu'elle recèle dans son sein, et même du mélaphyre; et c'est probablement, selon nous, à la présence de débris des roches magnésiennes qu'est due la dolomisation plus ou moins grande du calcaire en certains points.

Le gîte métallifère qui a été reconnu par les concessionnaires, et sur lequel ils ont établi les travaux, se trouve dans le calcaire plus ou moins dolomitique et dans le mélaphyre. Ce calcaire forme au pied et dans une anfractuosité de la protogyne un espèce de coin, dont la plus grande longueur a plus de 500 mètres, et la largeur moyenne 150 mètres environ; sa plus grande épaisseur peut atteindre 100 mètres. Quant au mélaphyre, il est superficiellement moins développé que le calcaire; tandis que l'étendue et la puissance de la protogyne sont elles-mêmes indéfinies.

Telles sont les données générales qui suffisent

pour comprendre les détails que nous allons présenter sur le gîte métallifère du Chapeau ; au reste, le le plan ci joint qui a été relevé avec beaucoup d'exactitude, par M. Vicat, suppléera pour le moment aux faits que nous n'avons pas énoncés.

Le gîte métallifère reconnu par les concessionnaires, et dans lequel on a établi les travaux de recherches et d'exploitation, présente une ligne continue d'affleurements sur une longueur de plus de 400 mètres ; cette ligne va en moyenne de l'ouest-nord-ouest à l'est-sud-est, et suit à peu près l'allure des couches du calcaire, au front desquelles on l'aperçoit facilement ; elle affecte, comme le front des couches, la forme d'une courbe à plusieurs courbures, tantôt saillantes, tantôt rentrantes, et résultant de différentes lignes brisées. Son point culminant est vers l'ouest-nord-ouest, et son ventre vers l'est du gîte vu de face.

La régularité de cette disposition à la surface et la constance des affleurements, ainsi que la suite du gîte dans l'intérieur de la masse du calcaire dolomisé, avaient naturellement fait admettre qu'on avait là un gîte originaire, et que ce gîte consistait en un véritable filon couché. On avait donc commencé les travaux d'après ces idées ; mais un examen attentif des lieux et des faits nous a démontré clairement qu'il n'en était pas ainsi. D'un côté le minerai est disposé çà et là, assez régulièrement il est vrai, sur une même ligne dans le calcaire, en fragments plus ou moins volumineux, avec ses gangues originaires, qui sont du quartz et de la barytine, et avec ses salbandes originaires, qui sont de la protogyne schisteuse altérée et étrangère au calcaire. D'un autre côté, le calcaire renferme des matériaux de toutes les dimensions et de toutes les formes du gîte originaire; tantôt il constitue des espèces de brèches métallifères; tantôt il est pénétré de minerai de diverses manières; et celui-ci surtout, lorsqu'il se trouve en petits fragments, est souvent altéré, et même quelquefois passé de l'état de sulfure à ceux d'oxydes, de carbonates, etc.; tandis que lorsqu'il se présente en fragments d'un certain volume, il est toujours intact dans leur intérieur. Enfin, on retrouve le minerai engagé çà et là dans le mélaphyre, mais il est dans ce cas appauvri en argent et en plomb.

Ainsi, au lieu d'admettre que le minerai a été envoyé à l'état de vapeurs dans le calcaire par le mélaphyre, il nous est clairement démontré, aujourd'hui, que le gîte originaire est antérieur à la formation de ces roches; qu'il existe réellement dans la protogyne; qu'il a été plus ou moins démantelé à son sommet; que des lambeaux en ont été plus ou moins remaniés et empâtés dans le calcaire, lors de la formation de celui-ci ; qu'enfin le gîte originaire a été en certains points coupé par le mélaphyre, qui en a arraché des parties et s'en est approprié des fragments plus ou moins considérables. Ce dernier fait a été vérifié par nous, autant que l'a permis l'accès difficile des lieux, où l'on devra par une étude complète trancher d'abord toutes les principales questions qui se rapportent au gîte du Chapeau.

D'après ces faits et ces inductions, il faut distinguer au Chapeau deux gîtes :

1° Gîte régulier,

2° Gîte irrégulier.

Le gîte régulier ou filon originaire se trouve dans la protogyne; ce filon doit contenir les minerais de cuivre, d'argent et de plomb sulfurés avec une grande puissance, puisque parmi les fragments renfermés dans le calcaire ou gîte irrégulier et provenant du gîte régulier, il y en a qui se présentent sous un volume assez considérable.

On doit diviser le gîte irrégulier en deux genres :

1° Gîte dans le calcaire plus ou moins dolomitique,

2° Gîte dans le mélaphyre.

Dans le premier gîte irrégulier, le minerai renferme à peu près sa richesse primitive en argent, en plomb et en cuivre ; tandis que dans le dernier gîte l'argent et le plomb ont été chassés, sinon en totalité, du moins en grande partie, la sortie du mélaphyre ayant fait elle-même une partie des opérations métallurgiques.

Travaux à exécuter.

Les travaux qui ont été exécutés au Chapeau, consistent en quelques galeries de recherches, d'exploitation, d'écoulement et de roulage. Le plan ci-joint suffit pour les faire connaître. Quoique ces travaux soient pour ainsi dire insignifiants, il faudra tâcher de mettre à profit quelques-uns d'entre eux pour les travaux ultérieurs.

Nous ne saurions, dès aujourd'hui, décrire en détail tous les travaux qu'il convient de faire au Chapeau; mais nous pouvons, dès à présent, dire que ces travaux doivent être de deux genres, savoir :

1° Exploitation immédiate, réglée et suffisamment développée du gîte irrégulier;

2° Recherche immédiate, réglée et suffisamment développée du gîte régulier.

Afin d'économiser les dépenses et surtout le temps, il importe de combiner rationnellement ces deux genres de travaux, qui, malgré leurs natures différentes, n'en concourent pas moins au même but, celui de retirer le plus possible de minerai, avec le moins de frais et dans le délai le plus court, tout en aménageant convenablement les travaux pour l'avenir, dans l'espoir d'une grande exploitation.

1° En ce qui concerne le gîte irrégulier dans le calcaire et la dolomie, les travaux se borneront à établir, au moyen de galeries d'extraction, de roulage et d'écoulement, une exploitation aussi réglée et aussi développée que le comporte ce gîte, en prenant pour éléments les indications fournies par les affleurements, par la disposition des couches du calcaire plus ou moins dolomisé et par les relations du gîte avec cette roche, ainsi que les résultats obtenus par les travaux déjà exécutés. Il convient d'extraire, non seulement les minerais riches, comme on le fait actuellement, mais encore toutes les parties du calcaire et de la dolomie qui renferment une quantité notable de minerai, et qui, aujourd'hui, sont laissées dans la mine ou rejetéés avec les déblais. Malgré l'irrégularité et la circonscription du gîte dans le calcaire dolomitique, il n'en reste pas moins certain qu'au moyen de travaux bien dirigés et suivis, on aura un vaste champ d'exploitation et que l'on pourra en retirer à peu de frais une quantité considérable de minerai. D'ailleurs, si l'on réfléchit à la valeur de ce minerai, on verra qu'il n'est pas nécessaire d'extraire une grande quantité de minerai; puisque, en négligeant le cuivre, et si l'on calcule à 5 p. 0/0 la teneur en argent du minerai brut, et à 200 fr. la valeur de l'argent, il suffit d'une tonne de minerai brut pour produire 10,000 fr., et de 100 tonnes pour produire un million de francs. Or, que sont 100 tonnes de minerai brut dans une exploitation ordinaire et convenablement dirigée !

Relativement au gîte irrégulier dans le mélaphyre, nous ne pensons pas que l'on puisse aujourd'hui fonder quelque espoir pour une exploitation fructueuse. En effet, d'une part le minerai doit y être peu abondant et disséminé d'une manière trop irrégulière; d'autre part, le minerai ne doit plus s'y présenter avec sa teneur primitive en argent, le mélaphyre ayant fait une partie des opérations métallurgiques à la faveur de la haute température dont il jouissait au moment de sa sortie. Nous avons, du reste, vérifié ce fait de l'appauvrissement en argent par des essais sur des minerais qui avaient été empâtés dans le mélaphyre. Cependant il sera utile d'entreprendre plus tard quelques travaux d'études dans le mélaphyre : car nous aurions pu nous tromper dans nos conjectures; et ces travaux jetteront toujours quelque lumière sur la place du gîte régulier, sur ses allures qui ont dû être plus ou moins modifiées par le mélaphyre, ainsi que sur les relations du mélaphyre avec le gîte régulier; ils pourront même conduire à celui-ci. Mais des travaux importants ne devront être exécutés dans le mélaphyre que durant l'avancement des travaux dans le calcaire, et que si l'on est obligé de traverser le mélaphyre pour aller rejoindre, explorer et exploiter le gîte régulier dans la protogyne.

2° Quoique le calcaire et la dolomie offrent déjà un vaste champ d'exploitation, il importe tout en exploitant le gîte irrégulier dans ces roches, d'entreprendre dans la protogyne une série d'études et de recherches, pour découvrir le vrai gîte régulier et pour arriver finalement à une exploitation mieux réglée, plus sûre, plus étendue, plus durable, plus avantageuse. Or, après avoir fait quelques travaux pour rendre accessible le voisinage présumable du gîte régulier, il faudra étudier géologiquement et géométriquement l'emplacement où doit être ce gîte et ses environs; puis guidé par les résultats de ces études préliminaires, il faudra pratiquer des travaux réglés pour atteindre le plus directement possible le filon originaire. D'un autre côté, comme il est à peu près certain que le gîte régulier se trouve dans la protogyne, derrière le calcaire et le mélaphyre, comme par conséquent il sera nécessaire d'aller le rejoindre et l'exploiter vers sa base, derrière le calcaire et le mélaphyre, voici, en somme, l'indication des principaux travaux qu'il faudra exécuter, outre ceux qui pourront être pratiqués directement dans la protogine, si le filon apparaît vers le sommet de cette roche et si la disposition du terrain permet une attaque directe.

Percer une galerie droite partant de la partie inférieure de la ligne d'affleurements, au front de la dolomie, et allant environ de l'est à l'ouest jusqu'à une certaine distance dans la protogyne. Si cette galerie ne rencontrait pas le filon, lorsqu'elle aurait été poussée jusqu'à 50 mètres environ dans la protogyne, ouvrir, tout en continuant la galerie, à son extrémité, à droite et à gauche, perpendiculairement à la direction de cette galerie, c'est-à-dire du nord au sud, une deuxième galerie qui pourrait atteindre un développement de 100 mètres. En effet, ignorant la place du filon, sa direction, son inclinaison et ses rejets, il faut que les deux galeries perpendiculaires l'une à l'autre puissent être poussées assez loin pour couper le filon dans quelque direction et sous quelque inclinaison qu'il soit. Deux galeries rectangulaires suffisent pour satisfaire à cette condition de position problématique du filon. Il conviendra, dans tous les cas, de placer l'ouverture de la première galerie perpendiculairement à la face de la protogyne, et assez bas pour que cette galerie, ou l'autre, puisse couper le filon vers ses parties inférieures, et servir plus tard de galerie d'exploitation, si elle parvenait à rencontrer le filon originaire. Le point inférieur et milieu de la ligne des affleurements paraît remplir ces conditions. Non seulement ce point est le plus propice au but qu'on se proposera, mais encore il présenterait cet autre avantage, que la première galerie serait en même temps utilisée pour l'exploitation du gîte irrégulier dans le calcaire dolomitique. Comme il y a probablement dans la protogyne des failles qui ont fait éprouver des rejets plus ou moins considérables au filon, ces failles et rejets doivent nécessairement entrer en ligne de compte pour la fixation et la direction des travaux; dès lors le choix d'un point inférieur pour l'ouverture de la première galerie est indispensable.

Tels sont, en somme, les principaux travaux qu'il convient d'entreprendre pour atteindre le filon originaire ou gîte régulier. Mais on conçoit aisément que, dans ses détails et même dans sa généralité, le plan de ces travaux peut être considérablement modifié par les recherches qu'on fera préalablement à la surface de la protogyne sur les affleurements du gîte, par les relations du mélaphyre avec la protogyne, avec la dolomie, etc., enfin, par l'étude approfondie des affleurements de galène qui existent à la limite ouest-nord-ouest des affleurements du gîte irrégulier, vers le contact du calcaire et de la protogyne, car il pourrait bien se faire qu'il y eût là ou dans le voisinage un véritable affleurement du filon originaire ou gîte régulier.

Nous ne saurions dès maintenant déterminer l'importance des travaux qu'il sera nécessaire de faire pour atteindre le filon originaire, ni préciser leurs résultats; néanmoins nous sommes persuadés, en admettant les circonstances les plus défavorables, qu'au moyen de travaux assez développés et bien dirigés, on perviendra à trouver le gîte régulier.

Nous avons donné plus loin, dans un devis, l'estimation approximative des dépenses qu'occasionnerait, dans le cas le plus défavorable, l'ensemble des travaux précédemment indiqués. Actuellement le prix des mineurs est de 2 fr. 50 c. à 3 fr., et celui des manœuvres de 1 fr. 75 c. à 2 fr. par journée de douze heures de travail. Mais, d'un côté, la durée du travail consécutif est trop longue et a besoin d'une réforme; d'un autre côté, il vaut mieux donner les travaux à la tâche ou à prix fait. Les plans étant dressés et les travaux étant tracés, on peut facilement diviser les travaux de mine proprement dits en petits lots et les donner à la tâche, avec obligation de suivre exactement les plans tracés et de se soumettre aux aménagements voulus. Ce mode de procéder offrira surtout de l'avantage lorsqu'on aura établi sur les lieux un barraquement, et qu'on travaillera à la mine pendant l'hiver, saison durant laquelle l'ingénieur chargé des mines ne pourra se transporter au Chapeau. Un conducteur des travaux et un surveillant-comptable suffiront dès lors à toutes les nécessités et dans toutes les circonstances.

Jusqu'à présent on n'a travaillé au Chapeau que pendant une partie de l'année, tout au plus depuis le commencement de mai jusqu'en décembre, non seulement à cause de la rigueur du climat, mais encore à cause de la difficulté qu'il y a, malgré la faible distance du Chatelard aux ouvertures de la mine, pour se rendre en hiver, sans chemin, au milieu de la neige et de la glace. Or, avec un barraquement établi sur ou dans la mine, on pourrait facilement travailler nuit et jour pendant toute l'année. La nature a disposé, dans la grande masse de mélaphyre qui domine les travaux, un emplacement très commode, couvert, et à l'abri des intempéries, des avalanches, etc.; on pourrait y construire un barraquement en planches de sapin, assez grand pour contenir au besoin trente ouvriers. Ainsi les ouvriers, un conducteur et un surveillant, approvisionnés en matériaux, en combustible pour la forge et le chauffage, en outils, en vivres, etc., pourraient travailler pendant tout l'hiver. Quant aux produits de l'exploitation, s'il était impossible de les transporter à l'usine des préparations mécaniques établie au Chatelard, on pourrait facilement les emmagasiner en un lieu disposé *ad hoc* dans la mine ou le barraquement.

Nature des minerais.

Le minerai du Chapeau est du cuivre gris; il y a aussi de la galène, dont nous avons déjà parlé, et dont nous parlerons encore plus tard. Les gangues originaires sont du quartz et de la barytine; dans le gîte actuellement reconnu, ou gîte irrégulier, le minerai a très souvent de la dolomie pour gangue.

Le minerai de cuivre gris est un composé, en proportions variables :

De soufre,
D'argent,
De cuivre,

D'antimoine,
De plomb,
De zinc,
Et de fer.

Il contient aussi :

Un peu d'arsenic,
Et des traces de platine.

Un grand nombre d'analyses ont été faites à Grenoble par M. Gueymard; quelques-unes ont été répétées à Paris par MM. Ebelmen et Rivot (1). Tous les essais de laboratoire et les traitements en grand faits à Vienne dans l'usine de M. Piellat, ont donné depuis 1/2 pour 0/0 jusqu'à 12 pour 0/0 d'argent, c'est-à-dire depuis 100 francs jusqu'à 2,400 fr. d'argent pour 100 kilog. de minerai brut, en ne comptant le kilogramme d'argent qu'à 200 francs (2). Telles sont les deux limites qui n'ont jamais été franchies, en grand comme en petit, par la teneur en argent du minerai du Chapeau.

Non seulement nous avions, pour éclairer complètement notre religion, les essais faits par les savants que nous venons de citer, et, ce qui valait encore mieux pour des industriels, les états des rendements en grand obtenus dans les fonderies de Vienne; mais nous avons voulu aller, nous-mêmes, prendre des échantillons dans la mine, et faire de nouveaux essais au moyen de ces échantillons.

(1) Annales des mines, 4e série, t. XVI.

(2) On sait, en effet, que le kilogramme d'argent provenant des fonderies et qui ne contient pas d'alliage vaut environ 220 fr.

Or, voici les résultats des essais que M. Gueymard a bien voulu faire sous nos yeux, dans le laboratoire de la Faculté des sciences de Grenoble, sur des échantillons détachés par nous-mêmes dans les galeries, et que nous avions choisis avec soin dans le but de connaître : 1° la teneur des minerais dits pauvres, 2° celle des minerais moyens, 3° celle des minerais riches. M. Gueymard a opéré sur 3 grammes détachés de chaque minerai brut, sans triage ni lavage préalables.

3 grammes du minerai dit pauvre ont donné :

Un bouton de 66 mill. d'argent,

Soit 2,20 pour 0/0, ou 440 fr. par 100 kilog. de minerai brut, en ne comptant le kilogramme d'argent qu'à 200 francs.

3 grammes du minerai de moyenne richesse ont donné :

Un bouton de 175 mill. d'argent,

Soit 5,83 pour 0/0, ou 1,166 fr. par 100 kilog. de minerai brut.

Enfin, 3 grammes d'un échantillon provenant d'une masse du minerai le plus riche qui ait été extrait jusqu'à ce jour au Chapeau, ont donné :

Un bouton de 335 mill. d'argent,

Soit 11,17 pour 0/0, ou 2,234 fr. par 100 kil. de minerai brut, toujours en ne comptant le kilogramme d'argent qu'à 200 francs.

La moyenne de ces trois essais est de 6,40 p. 0/0.

De plus, nous avons désiré faire répéter à Paris les essais sur une partie des échantillons que nous avions rapportés. M. Bouquet, attaché au laboratoire des essais de l'École nationale des mines, a

4

bien voulu se charger de ces opérations, et il s'est acquitté de cette tâche avec son habileté ordinaire. Les essais ont été faits sous nos yeux, et en présence de plusieurs autres personnes, dans l'ancien laboratoire de M. Pelletier.

Voici les résultats obtenus par M. Bouquet, qui a opéré sur 10 grammes de chaque minerai.

10 grammes du minerai dit pauvre, brut, sans triage ni lavage, ont donné :

Un bouton de 37 centigrammes d'argent,

Soit 3,7 pour 0/0, ou 740 fr. par 100 kilog. de minerai brut.

10 grammes du minerai moyen ont donné :

Un bouton de 42 centigrammes d'argent,

Soit 4,2 pour 0/0, ou 840 fr. par 100 kil. de minerai brut.

10 grammes du minerai dit plus riche ont donné :

Un bouton de 37 centigrammes d'argent,

Soit 3,7 pour 0/0, ou 740 fr. par 100 kil. de minerai brut,

Enfin 2 grammes du minerai dit très riche, coupellés directement, ont donné :

Un bouton de 20 centigrammes d'argent,

Soit 10 pour 0/0, ou 2,000 fr. par 100 kil. de minerai brut, toujours en ne comptant qu'à 200 f. le kilogramme d'argent.

La moyenne de ces quatre essais est de 5,4 pour 0/0.

Les résultats des quatre essais précédents ne correspondent pas exactement à ceux qui ont été faits à Grenoble. On remarquera surtout que le minerai dit pauvre a produit davantage à Paris qu'à Grenoble, et qu'au contraire le minerai dit très riche a produit moins à Paris qu'à Grenoble. Ces différences tiennent à plusieurs causes. D'abord tous les échantillons d'une même catégorie ne sont pas identiques; chaque échantillon n'est pas homogène dans toutes ses parties; la quantité de la gangue qui accompagne le minerai pur est plus ou moins grande; et l'argent ne se trouve pas uniformément réparti dans le minerai par suite, soit des proportions variables du cuivre, du plomb, etc., qui entrent dans la composition du cuivre gris, soit de la quantité plus ou moins grande du plomb sulfuré; du cuivre sulfuré, etc. qui sont mêlés avec le cuivre gris, seul véritable minerai d'argent. Dans les essais, qui sont des traitements en petit, il est plus difficile de conduire uniformément les opérations, et il y a nécessairement plus de causes de pertes que dans le traitement en grand. La méthode d'essais que l'on emploie, le plus ou moins de soins apportés dans les opérations, et la plus ou moins grande habileté de l'opérateur (1), influent beaucoup aussi sur les rendements obtenus.

Malgré les différences qui existent entre les essais comparatifs faits à Grenoble et à Paris, l'ensemble de ces essais s'accorde avec la série des traitements en grand qui ont eu lieu à Vienne jusqu'à ce jour.

Nous avons reconnu que les concessionnaires actuels n'exploitaient pas ou rejetaient avec les déblais, faute de moyens mécaniques ou parce qu'ils

(1) Nous devons le dire, personne, selon nous, ne fait les essais pour les métaux précieux avec plus de soins, d'exactitude, de promptitude et d'habileté que M. Gueymard.

étaient gâtés par la grande richesse des minerais ordinaires, des calcaires dolomisés qui renferment au moins 1/2 pour 0/0 d'argent. Jusqu'à présent ils ont choisi les minerais et n'ont enlevé que les plus riches; mais il est évident que, dans une exploitation sérieuse, on devra enlever à peu près tous les minerais, car ils sont tous d'une grande valeur comparativement à celle des minerais des mines connues; d'autant plus que les minerais dits très pauvres sont aussi riches que les autres, lorsqu'ils ont été enrichis par le bocardage et le lavage, c'est-à-dire par la séparation complète de la gangue.

Dans le traitement en grand fait à Vienne, on retire le cuivre du minerai du Chapeau, après en avoir séparé l'argent et le plomb. Mais, vu la richesse en argent, nous n'avons tenu aucun compte du cuivre dans les essais. La teneur en cuivre est variable, et généralement en raison inverse de la teneur en argent, ce dernier métal étant peut-être isomorphe du premier. Quoi qu'il en soit, la teneur en cuivre du minerai pur est au moins de 20 pour 0/0. Le cuivre seul suffirait donc, et au-delà, pour payer tous les frais d'exploitation, de transports et de traitements, si l'on trouvait une assez grande quantité de minerai.

Transports de la mine à l'usine des préparations mécaniques.

Aujourd'hui les minerais triés sont transportés de la mine au Chatelard par les ouvriers, puis dans des voitures du Chatelard à Grenoble, où ils sont en partie bocardés et lavés ; enfin, de Grenoble, on les envoie par le roulage ordinaire à Vienne pour y être traités. Le prix des transports, du Chatelard à Grenoble, est actuellement de 4 fr. 25 c. les 100 kilog., et de Grenoble à Vienne, de 1 fr. 50 c. les 100 kilog. Comme la valeur du minerai trié est très grande relativement au poids de celui-ci, et comme, jusqu'à présent, il n'a pas été emporté du Chapeau vingt-cinq tonnes de minerai, le prix des transports n'a eu encore aucune importance dans les frais. Mais, partant de ce principe vulgaire que dans toute opération sagement conduite il faut avoir de l'ordre et de l'économie bien entendue, même pour les moindres choses, nous allons diviser la question des transports ainsi qu'il convient de le faire.

De la mine au Chatelard, il n'y a environ que 1 kilomètre ; le transport du minerai peut être effectué, soit à dos de mulets, soit au moyen de conduits en bois, ou bien au moyen d'un plan incliné en bois, qui serait disposé pour des traîneaux ou des wagons. Comme il importe, vu la richesse extraordinaire du minerai, de traiter toutes les matières qui renferment une certaine quantité de minerai, le système de plan incliné avec wagons et corde sans fin paraît être le plus avantageux. Ce mode de transport économique et commode servirait en même temps pour monter les matériaux, les outils, les approvisionnements, etc., nécessaires aux travaux et aux ouvriers.

Usines des préparations mécaniques.

Le Drac passe au Chatelard, et en ce point il est extrêmement facile d'établir à bon marché une petite usine pour bocarder, laver, et par conséquent enrichir le minerai pauvre. Quant au minerai riche, il n'a besoin en général que d'un simple bocardage, qui aurait également lieu dans cette usine.

Non seulement le lavage du minerai bocardé a l'avantage d'enrichir le minerai pauvre, mais encore il a celui de séparer les divers minerais, dont la réunion complique ordinairement le traitement métallurgique. Cette séparation des différents minerais ne présente pas d'importance pour le minerai du Chapeau, car il est généralement assez homogène; mais elle en présente une très grande pour les minerais des autres gîtes : aussi deviendra-t-il presque toujours indispensable de la faire pour ces minerais avant de traiter métallurgiquement certains d'entre eux.

Pour le service principal des bocards et des lavoirs, on devra employer des femmes et des enfants, sous la direction et la surveillance d'un contremaître.

Relativement aux méthodes de bocardage, de lavage et de séparation des minerais, il faudra employer celles qui sont usitées dans certaines usines de l'Allemagne et de la Belgique, où ces méthodes sont parvenues au plus haut degré de perfection sous tous les rapports de facilité, de promptitude et d'économie.

Transports de l'usine des préparations mécaniques à l'usine des traitements métallurgiques.

Du Chatelard au Pont du Fossé, on peut effectuer le transport du minerai préparé dans des sacs, à dos de mulets ou bien dans des tombereaux attelés avec des bœufs ou des mulets. La distance du Chatelard au Pont du Fossé doit être évaluée à 7 kilom. Le chemin marqué comme route départementale est tout au moins un chemin vicinal de grande communication; il suit une pente douce jusqu'au Pont du Fossé; et ce chemin, quoique mal entretenu, est très praticable pour des tombereaux, sauf dans une ou deux passes à travers le Drac, qui, du reste, sont franchies sans beaucoup de peine par les voitures à bœufs et à mulets du pays. Du Pont du Fossé à la route nationale de Gap à Grenoble, il y a un bon chemin, marqué aussi comme route départementale : les voitures attelées avec des chevaux y circulent facilement. La distance du Pont du Fossé à la jonction de la route nationale, près de Brutinel, peut être estimée à 12 kilomètres. Enfin, il y a 61 kilomètres de ce dernier point à Vizille, où se réunissent les deux routes de Gap à Grenoble et de Briançon à Grenoble.

On voit, d'après ces documents, que le transport du minerai jusqu'à l'usine des traitements métallurgiques peut s'effectuer facilement et à un prix très modique, eu égard à la valeur du minerai; d'autant plus qu'on profiterait du retour des voitures pour apporter au Chatelard du charbon, du fer, de la poudre, des provisions, même du bois, en un mot, toutes les choses qui seraient nécessaires, et que l'on serait obligé de tirer d'ailleurs.

Mais, qu'il nous soit permis de dire ici que les routes nationales sont souvent moins bien tracées que les chemins vicinaux. MM. les ingénieurs des ponts-et-chaussées ont la manie de disposer ces routes en corniches, et de les faire passer alternativement de vallées profondes sur des points très élevés. Ils les rendent ainsi pénibles par une répétition continuelle de montées et de descentes; très dangereuses, surtout en hiver, pour les voitures qui doivent avoir de la vitesse; plus longues, par le grand nombre de circuits qui deviennent indispensables pour éviter les pentes trop rapides; en même temps plus coûteuses pour leur établissement et leur entretien, d'autant plus qu'elles sont souvent assises sur un sol peu solide. Si MM. les ingénieurs connaissaient bien l'orographie du pays, s'ils calculaient mieux les distances, s'ils étaient plus soucieux des deniers publics et de la vie des hommes, certainement ils ne quitteraient pas si légèrement les vallées; ils suivraient les lignes que la nature a tracées pour les eaux, au lieu de s'évertuer à créer des difficultés : les grands et beaux travaux sont toujours marqués au cachet de la simplicité. Quand on a des cours d'eau, il est extrêmement rare que l'on ne puisse pas faire la route principale entièrement dans les vallées; on y gagne en distance et en facilité du parcours. Il serait ainsi facile d'aller en pente douce depuis la mine du Chapeau jusqu'à Vizille, si l'on suivait constamment la vallée du Drac. Un coup d'œil jeté sur une bonne carte suffit pour se convaincre de cette vérité. Au reste, nos réflexions ne se rapportent pas seulement à certaines routes du Dauphiné, elles s'appliquent encore à celles de beaucoup d'autres contrées, par exemple, dans les départements du Cantal, de la Haute-Loire, de la Lozère, de l'Aveyron, etc., où l'on est aussi effrayé du tracé des routes que l'on est étonné du système adopté par MM. les ingénieurs. Ceux-ci ne sauraient trouver d'excuses que dans la nécessité de faire passer les routes par certains bourgs plus ou moins obscurs. Cependant, lorsqu'il s'agit de routes de grande communication, comme celle de Grenoble à Gap, la première condition, la seule essentielle, est d'abréger le trajet et de le rendre facile.

Les observations précédentes peuvent avoir quelque importance pour la rectification de certaines routes ou pour le tracé de nouvelles voies de communication, et, par conséquent, pour les transports qui concernent les mines et les usines.

Usines des traitements métallurgiques.

Jusqu'à présent le minerai est transporté à Grenoble, et de cette ville à Vienne, où il est traité. Les frais du traitement à Vienne sont très élevés pour les concessionnaires actuels. Ils varient depuis 12 fr. jusqu'à 30 fr. par 100 kil. de minerai préparé ; en outre les fondeurs retiennent 5 p. 0/0 du cuivre obtenu, et paient seulement 210 fr. le kil. d'argent con staté par essai ; tandis qu'à Paris où le prix du combustible, de la main d'œuvre, de construction d'usines, etc. est très élevé, par conséquent dans les conditions les plus défavorables, le traitement revient au maximum à une vingtaine de francs par 100 kil. de minerai préparé. Il serait donc préférable d'éviter une partie des frais de transports et la plus value du traitement, en établissant une usine dans les environs de Vizille, où les matériaux, la main d'œuvre, les terrains, le charbon de bois, l'anthracite, etc. sont à des prix très modérés. Et si, comme nous l'espérons, on peut faire une partie du traitement avec l'anthracite, on aurait, réunis à Vizille, les éléments les plus avantageux pour l'établissement de cette usine. C'est pourquoi nous n'hésitons pas à conseiller la construction d'une petite usine dans les environs de Vizille, pour le traitement des métaux précieux.

Relativement au mode de traitement, nous pensons qu'il faudrait suivre en tous points la méthode anglaise, et à cet effet employer des fourneaux à réverbère. Nous parlerons plus loin des terres réfractaires et des creusets.

Observations.

Dans les conditions où se présente actuellement la mine du Chapeau, sans étude complète, avec le peu de développement des travaux et.

en présence de la richesse si extraordinaire du minerai, prévoir les résultats financiers d'une exploitation réglée est chose impossible : car, si l'on parvenait à trouver un gîte régulièrement exploitable, et produisant du minerai d'une teneur constante en argent et semblable à celle qu'il a offerte jusqu'à ce moment, aucun calcul ne pourrait donner une idée des résultats. Au reste, même avec les circonstances actuelles du gîte reconnu, il est certain que l'exploitation réglée de la mine du Chapeau est l'une des plus avantageuses que l'on puisse jamais rencontrer dans la vie industrielle. En effet, avec une ligne d'affleurements qui présente un développement de plus de 400 mètres, que ne devrait-on pas trouver dans le calcaire ou la dolomie, quoique ces roches ne renferment, selon nous, qu'un gîte irrégulier. Nous le répétons, 100 tonnes de minerai brut à 5 p. 0/0 d'argent produiraient un million de francs, et mille tonnes de minerai brut produiraient dix millions de francs! Arrêtons là notre calcul, car les chiffres deviendraient inadmissibles pour les esprits sérieux, et il nous répugnerait de les indiquer.

Devis sommaire des dépenses pour l'exploitation, pour l'exploration, pour l'usine des préparations mécaniques et pour l'usine du traitement métallurgique.

Installation, barraquement, chantiers au jour, forge, charpenterie, fer, bois, outils, objets divers de service, approvisionnements, chemins, travaux préparatoires, etc.. . . . . 6,000 fr.

Recherches à la surface 1,000

Deux cents mètres de galerie dans le calcaire et la dolomie, à 50 fr. le mètre courant (1) 10,000

Quatre cents mètres de galerie dans la protogyne, à 75 fr. le mètre courant. 30,000

Commencement d'exploitation réglée dans le gîte irrégulier, plan incliné, machines et appareils simples, avec accessoires, etc. 6,000

Usine des préparations mécaniques, prise d'eau, bocards, lavoirs, etc., avec accessoires. 5,000

Usine des traitements métallurgiques, fourneaux de grillage, de fusion, de coupellation, etc., avec accessoires, devant servir pour tous les minerais d'argent et d'or. 20,000

Total. . . . . 78,000 fr.

(1) Y compris les outils, la poudre, l'huile, etc.

MINES DE LA COMBE-NIVEUSE, DE SENEPI, DE LA GRAND'ROCHE, ETC.

Le gîte de la Combe-Niveuse est situé vers la vallée du Drac, dans la commune de St-Arey (département de l'Isère) et à 25 kilom. environ de Vizille. Il est annoncé par des fragments de minerais roulés et par d'autres indices que l'on trouve dans son voisinage. Le gîte de la Combe-Niveuse consiste en un filon parfaitement encaissé, composé de cuivre gris argentifère et présentant à la surface du sol une puissance de $0^{m},25$. Comme aucune recherche n'y a été faite, on ne peut avoir aujourd'hui que les données fournies par ses affleurements.

Le minerai du filon de la Combe-Niveuse est du cuivre gris qui a donné à l'essai 0,0028 d'argent, soit 56 fr. pour 100 kil. de minerai brut. Cette teneur en argent, quoiqu'étant beaucoup moins considérable que celle du minerai du Chapeau, n'en est pas moins très grande comparativement aux teneurs des minerais habituellement exploités ; c'est pourquoi le gîte de la Combe-Niveuse mérite qu'on y fasse des recherches sérieuses, dans le but d'y établir ensuite une exploitation convenable.

Si cette exploitation devenait importante, et si elle produisait beaucoup de minerais de bocard, il serait facile, au lieu de les transporter directement à l'usine des préparations mécaniques qui devra être établie à Laffrey, de les enrichir dans une usine qui serait construite auprès de la mine, soit sur la Maire, soit sur le Drac, soit enfin sur d'autres cours d'eau, qui ne manquent pas dans la localité. Cette usine pourrait même servir à la préparation des minerais provenant des gîtes qui se trouvent à proximité de la Combe-Niveuse.

Le gîte de Senepi, situé dans la commune de Prunières, est moins éloigné de Vizille que le précédent. Il consiste en un filon de 0^{m},40 de puissance, qui se trouve encaissé dans du sidérose (carbonate de fer).

Le minerai argentifère est de la bournonite qui a donné à l'essai 0,0018 d'argent, soit 36 francs pour 100 k. de minerai brut.

Le gîte des Merles, aussi situé dans la commune de Prunières, est encaissé dans le calschiste et le calcaire du lias; il consiste en un filon principal irrégulier, et en plusieurs veines ou petits filons irréguliers.

Le minerai argentifère est encore de la bournonite qui, comme celle du gîte précédent, a donné à l'essai 0,0018 d'argent, soit 36 fr. pour 100 kil. de minerai brut.

Le gîte de la Grand'Roche est situé dans la commune de Lamorte, qui se trouve encore moins éloignée de Vizille que les communes précédentes Ce gîte consiste en trois filons réguliers, présentant à la surface du sol une épaisseur moyenne de 0^{m},10 et du minerai d'une grande pureté.

Le minerai est de la galène argentifère, qui a

donné à l'essai 0,0013 d'argent, soit 26 francs pour 100 kil. de minerai brut.

On n'a pas encore fait de travaux dans ces trois derniers gîtes. Celui de la Grand'Roche surtout mérite d'être étudié pratiquement, à cause de sa régularité, de son développement et de sa position dans les terrains anciens.

Le gîte du Mollard est situé sur la rive droite de l'Oulles, dans la commune d'Allemont; il renferme de la galène argentifère qui a donné à l'essai et au traitement en grand :

0,60 de plomb,
0,0012 d'argent,

soit 24 francs pour 100 kil. de minerai brut.

Il existe dans la contrée plusieurs autres gîtes de cuivre gris et de galène argentifères; mais les minerais des uns n'ont pas donné plus d'un millième d'argent, et les minerais des autres, ainsi que les gîtes respectifs, n'ont pas été suffisamment étudiés, pour que l'on puisse dès à présent se former une opinion sérieuse sur l'importance des gîtes et sur la valeur de leurs minerais. Néanmoins il est hors de doute pour nous que plusieurs de ces gîtes contiennent des minerais riches en argent, ou qu'ils sont avantageusement exploitables pour d'autres métaux.

Tous les gîtes dont nous venons de parler sont pratiquement inconnus; on ne possède même sur eux que peu d'études faites à la surface. C'est pourquoi il sera nécessaire d'entreprendre des études plus approfondies que celles qui ont été faites, avant d'indiquer d'une manière définitive ceux qu'il conviendra d'exploiter de préférence aux autres. Pour ces gîtes l'exploitation est, comme au Chapeau, élémentaire et très facile au moyen de galeries. De plus, les produits après le bocardage et le lavage pourront être transportés à peu de frais, aux usines des traitements métallurgiques qui seront construites dans la vallée de la Romanche, aux environs de Vizille.

Une partie des minerais est assez riche pour être traitée immédiatement après le bocardage, par conséquent, sans lavage préliminaire. Naturellement les minerais seront traités dans des systèmes de fourneaux différents, suivant qu'ils seront des minerais de cuivre ou qu'ils seront des minerais de plomb, et avec les modes de traitement qui conviennent le mieux à leurs natures respectives. Pour en retirer l'argent on emploiera toujours la méthode par coupellation; ensuite les résidus seront traités soit pour le cuivre, soit pour le plomb dans des fourneaux à réverbère, appropriés d'un côté aux minerais de cuivre, d'un autre côté aux minerais de plomb.

Devis sommaire des dépenses pour les recherches, pour l'exploitation, pour les usines des préparations mécaniques, et pour l'usine des traitements métallurgiques.

Etudes et recherches relatives aux gîtes de Senepi, des Merles, du Mollard, etc. . . . 2,000 fr.

A reporter. . . 2,000 fr.

Report. . .	2,000 fr.
Recherches et commencement d'exploitation dans deux gîtes, la Combe-Niveuse et la Grand'Roche, ou autres. .	8,000
Usines des préparations mécaniques.	pour mémoire.
Usines des traitements métallurgiques. Les dépenses de ces usines sont comprises pour l'argent dans le devis relatif à la mine du Chapeau, et pour le cuivre, le plomb, le zinc, etc. dans les devis relatifs aux mines de cuivre, de plomb, de zinc, etc.	» »
Total.	10,000 fr.

CHAPITRE II.

DES MINES DE CUIVRE.

Les gîtes de minerais de cuivre sont souvent des gîtes de minerais d'autres métaux, principalement de plomb, de zinc et de fer; mais il y en a qui sont, industriellement parlant, simplement cuprifères. Les minerais de cuivre se bornent généralement à des sulfures ou cuivres jaunes, cuivres gris et cuivres panachés; les oxydes, les carbonates, etc. de cuivre n'étant que des accidents, ou que les résultats de la décomposition des premiers et de nouvelles combinaisons cuprifères. Le cuivre gris est plus ou moins argentifère; le cuivre jaune ne l'est pas. La teneur en cuivre du sulfure gris est très variable; celle du sulfure jaune l'est moins. Il serait difficile d'indiquer dès maintenant la teneur moyenne en grand de ces minerais; néanmoins nous dirons que pour les cuivres gris, la teneur minimum est de 15 p. 0/0, et pour les cuivres jaunes de 20 p. 0/0 du minerais trié.

Les gîtes de minerais de cuivre sont très nombreux; ne comptant pas ceux pour lesquels il n'a encore été fait aucun acte de possession et ceux où les minerais de cuivre sont accidentels, nous citerons les suivants :

La Peyrère,
La Longerolle,
La Fayolle,
La Combe-Niveuse,
Le Ravin,
Le Grand-Vent,
Les Sables,
Riftord,
Le Chapeau, etc.

MINES DE LA PEYRÈRE, DE LA LONGEROLLE, DE LA FAYOLLE, DE LA COMBE-NIVEUSE, DU RAVIN, DU GRAND-VENT, DES SABLES, DE RIFTORD, DU CHAPEAU, ETC.

Les gîtes de la Peyrère et de la Longerolle sont plutôt des mines de plomb et de zinc que des mines de cuivre. Cependant on y trouve des minerais de cuivre, surtout du cuivre gris, en quantité assez importante pour en tirer un parti très avantageux comme mines de cuivre, d'autant plus qu'on y exploite en même temps les minerais des différents métaux.

On ignore encore la proportion des minerais de cuivre que renferment ces gîtes, néanmoins on peut l'évaluer d'après l'exploitation actuelle à 1/15 de l'ensemble des minerais, ainsi répartis :

Minerais de plomb 8/15,
Minerais de zinc 5/15,
Minerais de cuivre 1/15,
Minerais de fer 1/15.

Mais on conçoit que ces proportions sont nécessairement variables, et qu'on n'en connaîtra la moyenne qu'après une longue exploitation.

Le minerai de cuivre qui domine dans les mines de la Peyrère et de la Longerolle est du cuivre sulfuré gris, dont on ne connaît pas encore la teneur en argent.

Les observations qui précèdent sur les mines de la Peyrère et de la Longerolle peuvent s'appliquer au gîte de la Fayolle, si ce n'est qu'ici le minerai de cuivre est généralement du cuivre jaune (chalkopyrite) et que le gîte est régulier. Nous donnerons d'autres détails sur ces trois gîtes dans les chapitres relatifs aux mines de plomb et de zinc.

Nous avons déjà parlé du gîte de cuivre gris de la Combe-Niveuse dans le chapitre relatif aux mines d'argent.

Le gîte du Ravin est situé dans la commune d'Entraigues, à une trentaine de kilomètres de Vizille. C'est un gîte régulier, qui présente un affleurement assez considérable de galène et de cuivre sulfuré généralement jaune (chalkopyrite).

D'après le régime de ce gîte on doit admettre qu'il fournirait une quantité très importante de minerai de cuivre, s'il était exploité ; c'est pourquoi nous conseillons de prendre dès maintenant en sérieuse considération le gîte du Ravin. Si l'on n'établissait pas dans les environs d'Entraigues une usine pour les préparations mécaniques des minerais, on pourrait transporter ces minerais, après le triage, à l'usine de Laffrey qui serait à moins de 30 kilom. du Ravin.

Le gîte du Grand-Vent est plutôt un gîte de minerais de plomb qu'un gîte de minerais de cuivre ; néanmoins il peut fournir une quantité notable de cuivre sulfuré jaune, vu sa puissance et sa régularité. Nous parlerons de ce gîte dans le chapitre des mines de plomb.

Le gîte des Sables (commune de Livet et Gavet),

situé à moins de 20 kilom. de Vizille, auprès de la Romanche et de la route de Grenoble à Briançon, est un véritable gîte régulier de cuivre sulfuré jaune. Il consiste en un filon qui est encaissé dans la protogyne schisteuse (gneigyne ou gneiss talqueux) et qui affecte la forme en chapelet. Sa direction a lieu environ de l'E.-N.-E. à l'O.-S.-O., tandis que celle du clivage de la protogyne est environ du N.-N.-O. au S.-S.-E. En considération de sa situation et de son régime, le gîte des Sables réclame des travaux sinon d'exploitation immédiate, du moins d'exploration. Le minerai extrait de ce gîte serait transporté à l'usine des préparations mécaniques qu'on devra établir dans la vallée de la Romanche.

Le gîte de Riftord, situé dans la commune de Mizoëns, non loin de la route de Grenoble à Briançon, consiste aussi en un gîte régulier de cuivre sulfuré jaune.

On devra également entreprendre des travaux dans ce gîte, dont le minerai pourrait être transporté à l'usine des préparations mécaniques établie dans la vallée de la Romanche.

Nous avons parlé du gîte du Chapeau dans le chapitre des mines d'argent; mais, quoique ce gîte soit, à cause de la richesse en argent de son mirai, plutôt une mine d'argent qu'une mine de cuivre, il n'en constitue pas moins une véritable mine de cuivre, ce métal étant comme l'argent retiré du mineral.

Parmi les gîtes qui n'ont pas été étudiés, il en est probablement plusieurs que l'on rangera plus tard dans la catégorie des mines de cuivre; comme il y a différents gîtes qui, aujourd'hui désignés sous le titre de mines de plomb et de zinc, fourniront une proportion plus ou moins grande de minerais de cuivre.

Dans tous les cas, nous sommes persuadé que l'ensemble des diverses mines qui seront convenablement exploitées, produira une quantité très importante de minerais de cuivre.

Les minerais de cuivre actuellement extraits des mines de la contrée et même de celles de la Savoie, sont transportés : 1° à Grenoble, où ils sont employés à la fabrication de l'acide sulfurique, de sulfates, etc.; 2° à Vienne, où ils sont traités métallurgiquement. Naguères les fonderies d'Allemont, situées entre Vizille et le Bourg d'Oisans, absorbaient une grande partie de ces minerais. Au lieu de transporter à Vienne, à Grenoble, etc., comme on le fait aujourd'hui, les minerais de cuivre provenant des gîtes Alpins, il serait probablement plus avantageux de les traiter aux environs de Vizille. C'est pourquoi nous conseillons d'ajouter à l'établissement de Vizille une usine d'essai, pour le traitement métallurgique des minerais de cuivre, en prenant toujours les méthodes anglaises pour guide.

Devis sommaire des dépenses pour les recherches, pour l'exploitation, pour les usines des préparations mécaniques et pour l'usine des traitements métallurgiques.

Exploration des gîtes du Ravin, des Sables et de

Riftord, et commencement d'exploitation dans au moins un de ces gîtes. . . . . 10,000 fr.

Exploitation des gîtes de la Peyrère et de la Longerolle. Les dépenses relatives à cette exploitation sont comprises dans le devis des mines de plomb et de zinc . . . . » »

Exploitation des gîtes de la Combe-Niveuse et du Chapeau. Les dépenses relatives à cette exploitation sont comprises dans le devis des mines d'argent. » »

Usine des préparations mécaniques qui sera établie dans la vallée de la Romanche, non loin de Livet 7,000

Usine d'essai pour les traitements métallurgiques (à Vizille). , ... 30,000

Total. . . . . 47,000 fr.

CHAPITRE III.

DES MINES DE PLOMB PLUS OU MOINS ARGENTIFÈRES.

Les mines de plomb, proprement dites, sont encore plus nombreuses que les mines d'argent et de cuivre. Sans compter les gîtes du Chapeau, de la Grand'roche, etc., nous pouvons citer les gîtes suivants:

La Peyrère,
La Longerolle,
Le Grand-Lac,
La Fayolle,
La Combe-du-Lac,
Le Ravin,
Le Pey,
Le Grand-Tarmet,
Le Grand-Vent,
La Grand'roche,
La Combe-de-l'Ours,
Le Mollard, etc.

Plusieurs de ces mines sont argentifères, entre autres celles de la Combe et du Pey, dont les minerais de plomb donnent 0,0008 d'argent; celle de la Combe-de-l'Ours, dont les minerais de plomb donnent 0,0007 d'argent ; etc.

Souvent les mines de plomb sont en même temps des mines de cuivre, de zinc, de fer, etc. ; mais les minerais de zinc sont les associés à la fois les plus habituels et les plus abondants des minerais de plomb ; de sorte qu'en réalité les mines de plomb sont ordinairement des mines de plomb et de zinc, et réciproquement. Le plomb y est en général à l'état de sulfure, ou galène ; les autres minerais de plomb ne sont qu'accidentels. Cette galène se présente souvent avec une assez grande pureté pour être vendue et employée comme alquifoux.

La teneur en plomb de la galène des Alpes triée, varie depuis 45 jusqu'à 60 pour 0[0.

Nous ne nous arrêterons pour le moment que sur des gîtes qui rentrent plus particulièrement dans la catégorie des mines de plomb.

MINES DE LA LONGEROLLE, DE LA PEYRÈRE, DU GRAND-LAC, DE LA FAYOLLE, DE LA COMBE-DU-LAC, DU RAVIN, DU PEY, DU GRAND-TARMET, DU GRAND-VENT, DE LA GRAND' ROCHE, DE LA COMBE-DE-L'OURS, DU MOLLARD, ETC.

Les gîtes de la Longerolle, de la Peyrère, du Grand-Lac, etc., connus sous la désignation générale de concession de la Peyrère (1), sont situés dans la commune de Laffrey. A l'exception de quelques attaques, d'ailleurs insignifiantes et faites par les anciens, ils n'ont été l'objet de travaux que depuis peu de temps; et, malgré les derniers travaux, on peut dire que ces gîtes sont encore à l'état vierge.

Le gîte de la Longerolle est situé auprès de Laffrey et de la grande route de Grenoble à Gap. Il consiste en un filon irrégulier, parfaitement encaissé dans les calcaires du lias. Sa puissance est de $1^m,20$ à la surface, et de $1^m,30$ à quelques mètres de profondeur. Le minerai dominant est de la galène : elle forme au moins les 8/15 du filon total. Les autres minerais principaux sont de la blende, du cuivre gris,

(1) Cette concession a été accordée à MM. Colin et Chatrousse, par arrêté du président de la République, en date du 19 janvier 1849.

du fer carbonaté, oxydé, etc. La gangue est généralement du quartz; mais elle se trouve très inégalement répartie dans le gîte.

Les affleurements du gîte de la Longerolle offrent un grand développement; ils se montrent principalement sur un mamelon à versants peu inclinés, qui est situé auprès de Laffrey.

Depuis peu de temps on a ouvert des travaux de recherches et d'exploitation sur ces affleurements. Ils consistent principalement : 1° en tranchées perpendiculaires à la direction générale du gîte; 2° en d'autres tranchées suivant la direction du gîte; 3° en une petite galerie perpendiculaire à la direction du gîte, et exécutée dans le but d'aller le couper à quelques mètres au-dessous des affleurements; 4° en une autre petite galerie faite à l'extrémité de la dernière et suivant la direction du gîte, pour explorer et exploiter le gîte dans le sens de sa longueur.

Ces divers travaux, à l'exception des deux galeries inférieures, sont pour ainsi dire superficiels; néanmoins ils ont suffi pour démontrer pratiquement la continuation du gîte dans le sens de sa direction et de son inclinaison, la constance dans son allure générale, l'augmentation de sa puissance avec la profondeur, l'abondance des minerais, etc.

Cette constance dans le régime du gîte et sa grande richesse ayant été constatées par les travaux de surface, on avait, sur les indications de M. Gueymard, ouvert les dernières galeries pour vérifier dans la profondeur les allures et l'importance du gîte, afin de l'exploiter ensuite sur une échelle proportionnée aux ressources des concessionnaires et au parti qu'ils pouvaient tirer des produits de l'exploitation. Mais, d'un côté, on n'a pas exécuté ces travaux aussi régulièrement ni aussi franchement que l'avait prescrit M. Gueymard ; d'un autre côté ,on les a ouvert trop superficiellement pour une exploitation établie sur une échelle convenable.

La constance des allures du gîte, l'abondance du minerai et l'encaissement nettement tranché de celui-ci, avaient fait croire aux concessionnaires qu'ils travaillaient dans un gîte régulier. Or, l'examen de toutes les circonstances, dans lesquelles se présente le gîte, et des documents fournis par les travaux, nous ont démontré qu'il n'en était pas ainsi. Il est résulté, pour nous, de cette étude que le gîte consistait en une large fente, qui avait été déterminée au milieu du calcaire et qui ensuite avait été plus ou moins remplie de haut en bas ; qu'en définitive ce gîte, malgré toute son apparence de régularité, devait être classé parmi les gîtes irréguliers et qu'il constituait un de ces gîtes que nous nommons gîtes pseudo-réguliers, pour ne pas les confondre, soit avec les gîtes réguliers, soit avec les gîtes réellement irréguliers.

Cependant comme le gîte de la Longerolle se trouve très avantageusement situé, qu'il présente de la constance dans ses allures, un développement considérable, du minerai en abondance et une exploitation immédiate, il n'en forme pas moins un gîte d'une grande importance.

L'exploitation immédiate du gîte de la Longerolle, dont on ne peut déterminer la durée, est naturellement tracée par les allures du gîte et par les résultats des travaux exécutés. Elle doit nécessairement être faite comme s'il s'agissait d'un filon originaire, par conséquent être prise assez bas pour permettre d'établir un vaste champ d'extraction; toutefois, il ne faudrait pas dès aujourd'hui la commencer trop profondément, car nous ignorons si la fente est réellement remplie de minerai jusqu'à un niveau très inférieur.

Ainsi, il faut ouvrir une galerie de coupement vers la base du monticule qui renferme le gîte et à une distance convenable des travaux actuels. Cette galerie qui devra être légèrement inclinée pour l'écoulement naturel des eaux, sera établie et dirigée de manière à aller rencontrer le gîte à 40 ou 50 mètres au-dessous des affleurements, au milieu desquels les travaux ont été pratiqués. Puis au point de jonction de la galerie de coupement avec le gîte on établira, à divers étages en remontant, des galeries suivant la direction générale du gîte, sur une longueur et une hauteur voulues pour l'exploitation, qui aura lieu par gradins renversés, comme s'il s'agissait d'un filon originaire.

Le gîte étant déjà reconnu sur une trés grande étendue, il est évident qu'au moyen de galeries de direction assez développées et pratiquées à plusieurs niveaux, on aura un champ d'abattage considérable, par conséqnent une exploitation de longue durée et d'une grande production.

Le gîte de la Peyrère paraît être plutôt un gîte de minerai de zinc, qu'un gîte de minerais de plomb ou d'autres métaux; néanmoins, si son exploitation a lieu, il fournira une quantité notable de minerais de plomb.

Nous parlerons de ce gîte, lorsque nous présenterons des détails sur les mines de zinc.

Les observations que nous avons faites sur le gîte de la Peyrère, s'appliquent aussi à celui du Grand-Lac.

Le gîte de la Fayolle est un véritable gîte régulier de blende, de galène, de cuivre sulfuré jaune, etc. D'après les travaux exécutés jusqu'à présent, la blende et le minerai de fer paraissent former la partie principale de ce gîte. C'est pourquoi nous le classerons parmi les mines de zinc, et nous renverrons les détails que nous devons donner sur lui au chapitre des mines de zinc.

Quoique la galène ne soit pas jusqu'à présent le minerai dominant du gîte de la Fayolle, ce gîte n'en fournira pas moins une quantité très importante, d'autant plus qu'il consiste en un filon originaire, parfaitement réglé, d'une grande puissance et d'une exploitation très facile. D'ailleurs, on sait par expérience qu'à l'égard du minerai dominant le même filon change souvent de nature, suivant les points différents qui sont exploités; que par conséquent toute l'économie industrielle d'un exploitant se borne à tirer parti de tous les produits de l'exploitation, et à pouvoir suivre toutes les phases de la nature des minerais, sans rien changer dans ses usines ni dans l'ensemble de ses opérations.

Déjà, dans la certitude d'une exploitation immédiate des gîtes qui sont situés aux environs de Laffrey et de Saint-Théoffrey, on s'occupe de relever, d'après nos indications, les plans et les nivellements indispensables pour établir des travaux sérieux dans les gîtes précédents, gîtes qui non seulement présentent des conditions très favorables pour l'exploitation, mais encore qui offrent de grandes richesses.

Les gîtes de la Combe-du-Lac et du Ravin sont situés dans la commune d'Entraigues. Celui de la Combe-du-Lac consiste en quatre veines de galène distantes entre elles de $0^{m},50$; leur puissance prise à la surface du sol est de $0^{m},06$. Ce gîte présente des affleurements sur une très grande étendue ; mais il n'a jamais été l'objet d'études ni de travaux.

La galène de la Combe-du-Lac donne à l'essai 0,0008 d'argent, soit 16 francs pour 100 kilog. de minerai brut. Cette teneur en argent serait importante, si elle était à peu près constante.

Nous avons déjà parlé, dans le chapitre relatif aux mines de cuivre, du gîte du Ravin, où il n'a été encore pratiqué aucun travail.

Il importera donc d'étudier à la fois les gîtes de la Combe-du-Lac et du Ravin. Il faudra, alors, voir s'il n'existe pas de relation entre ces deux gîtes, ceux du Pey, du Grand-Tarmet, etc., d'autant plus que la galène du Pey a donné exactement la même proportion d'argent que celle de la Combe-du-Lac.

Les gîtes du Pey et du Grand-Tarmet sont situés dans la commune de Lavaldens. Celui du Pey consiste en un filon régulier de galène argentifère, avec gangue de barytine. Cette galène a donné à l'essai

0,0008 d'argent, soit 16 fr. pour 100 kil. de minerai brut.

Le gîte du Grand-Tarmet présente un filon régulier d'une épaisseur considérable. C'est encore de la galène avec gangue de barytine.

La position de ces gîtes dans les terrains cristallins anciens, leur régime, leurs relations et leur puissance méritent certainement qu'on y fasse des recherches sérieuses.

Le gîte du Grand-Vent, situé dans la commune de Lamorte, consiste aussi en un filon de galène argentifère avec gangue de barytine; il renferme des amandes et des veines de cuivre jaune. Ce filon est presque vertical et d'une épaisseur constante sur une hauteur de 25 mètres. Cette épaisseur est de $1^{m},30$.

Le gîte du Grand-Vent a probablement des relations avec les précédents.

Ce gîte est l'un de ceux qui devront être immédiatement exploités, surtout si le minerai de cuivre y est abondant et si la galène est riche en argent.

Nous avons déjà parlé du gîte de la Grand'Roche dans le chapitre relatif aux mines d'argent.

Le gîte de la Combe-de-l'Ours est situé dans la commune de Livet et Gavet; il renferme de la galène argentifère, qui a donné à l'essai 0,0007 d'argent, soit 14 fr. pour 100 kil. de minerai brut.

Le gîte du Mollard paraît être plus particulièrement un gîte de blende. Sa galène, qui est auro-argentifère, produit 60 pour cent de plomb dans le traitement en grand. Nous parlerons plus loin de ce gîte.

La mine du Chapeau qui a été décrite dans les chapitres relatifs aux mines d'argent et de cuivre, offre également un affleurement de galène, comme nous l'avons dit. Les eaux descendent dans le ravin, qui est au-dessous de cet affleurement, de la galène provenant des débris du gîte.

On étudiera ce gîte de galène au moyen des travaux qui seront exécutés pour la recherche du filon originaire de cuivre gris.

Enfin, il existe plusieurs autres gîtes de galène, qui se trouvent dans des conditions semblables à celles des gites dont nous venons de parler.

Parmi les gites précédemment énumérés, il en est plusieurs qui sont très avantageusement situés et qui se présentent dans d'excellentes conditions d'exploitation. Les produits de leur exploitation, après le triage nécessaire fait sur place, pourraient être bocardés et lavés dans le voisinage de ces gîtes. Mais pour ne pas trop multiplier les usines des préparations mécaniques, nous croyons que des usines établies : 1° à Laffrey, 2° auprès de la Romanche, 3° aux environs d'Entraigues ou de Lavaldens, suffiront à tous les besoins, et satisferont à toutes les conditions d'une bonne économie. On pourrait même se borner, du moins pour le moment, aux usines de Laffrey et de la vallée de la Romanche. Dans tous les cas les gîtes de la Peyrère, de la Longerolle, du Grand-Lac et de la Fayolle sont les mieux situés pour les transports de leurs produits aux usines des préparations mécaniques, et de ces usines à celles des traitements métallurgiques. En effet, ils sont très rapprochés de la grande route de Grenoble à Gap, et se trouvent à une très petite distance de Laffrey, où il faudra établir des usines pour les préparations mécaniques et où sont réunies toutes les circonstances pour l'établissement de ces usines; en outre, des mines à la route nationale, il existe des chemins très praticables pour les voitures; enfin, de Laffrey à Vizille il n'y a que 7 kilomètres, et la route va toujours en descendant jusqu'à cette ville.

Relativement aux traitements métallurgiques des minerais de plomb, outre ceux que les minerais assez riches en argent devront subir pour en retirer ce métal, les observations que nous avons faites au sujet des usines et des traitements des minerais de cuivre, s'appliquent également aux usines et aux traitements des minerais de plomb; seulement les galènes les plus pures seront vendues comme alquifoux, s'il y a réellement de l'avantage à conserver cette vente.

Devis sommaire des dépenses pour les recherches, pour l'exploitation, pour les usines des préparations mécaniques et pour l'usine des traitements métallurgiques.

Exploration des gîtes de la Combe-du-Lac, du Pey, du Grand-Tarmet, du Grand-Vent, de la Grand' Roche, de la Combe-de-l'Ours, et commencement d'exploitation dans au moins deux de ces gîtes.............................. 15,000 f. »

A reporter.... 15,000 f. »

Report....	15,000 f. »
Exploration des gîtes du Ravin, du Mollard, et commencement d'exploitation dans ces gîtes, s'il y a lieu. Les dépenses relatives à cette exploration et à ce commencement d'exploitation sont comprises dans les devis des mines de cuivre et de zinc.......	» »
Commencement d'exploitation dans le gîte de la Langerolle.............	7,000 »
Commencement d'exploitation dans les gîtes de la Peyrère, du Grand-Lac, de la Fayolle, etc. Les dépenses relatives à ce commencement d'exploitation sont comprises dans les devis des mines de zinc.............................	» »
Usine des préparations mécaniques qui sera établie à Laffrey...........	6,000 »
Autres usines des préparations mécaniques.....................	pour mémoire.
Usine d'essai pour les traitements métallurgiques (à Vizille)...........	25,000 »
Total............	53,000 fr.

CHAPITRE IV.

DES MINES DE ZINC.

Les gîtes de minerais de zinc sont dans les Alpes, comme dans beaucoup d'autres contrées de la France, de l'Allemagne (1), etc., en même temps des gîtes de minerais de plomb, de cuivre et de fer, surtout lorsqu'il se présentent en filons réguliers, et lorsque les minerais de zinc sont à l'état de blende, ce qui est le cas général. La galène principalement accompagne la blende : ces deux minerais ne constituent même ensemble qu'un seul système de filons, où domine tantôt la galène, tantôt la blende. Dès-lors ce que nous avons dit au sujet des gîtes de minerais de plomb, se rapporte également aux gîtes de minerais de zinc, et réciproquement. Néanmoins, comme il arrive souvent qu'un gîte, qui n'est en réalité que le produit d'un filon originaire ou qu'une partie du filon lui-même considéré dans toute son étendue, se présente plutôt avec un minerai qu'avec l'autre, nous avons dû établir une distinction entre les gîtes qui contien-

(1) Voyez notre notice précédemment citée.

nent plus spécialement des minerais de plomb, et les gîtes qui contiennent plus spécialement des minerais de zinc.

Les gîtes de minerais de zinc proprement dits sont très nombreux dans la partie des Alpes qui nous occupe, et acquerraient une grande importance, si, comme nous le croyons, on parvenait à traiter la blende avec l'anthracite au moins pour l'alimentation des foyers des fourneaux de grillage et des fourneaux de réduction, d'autant plus que l'on sera obligé dans plusieurs gîtes d'extraire la blende en exploitant les autres minerais. Si, au contraire, on ne parvenait pas à traiter la blende avec l'anthracite, il faudrait se borner à préparer mécaniquement ce minerai et à le vendre pour l'alimentation des usines de Vienne, ce qui ajouterait encore à la valeur des gîtes exploités. Enfin, si l'on parvenait à griller la blende avec l'anthracite, sans pouvoir se servir de ce combustible pour les foyers des fourneaux de réduction, il conviendrait d'opérer le grillage, en utilisant les vapeurs sulfureuses pour la fabrication de l'acide sulfurique ou des sulfates, avant de l'envoyer au marché de Vienne.

On voit, d'après les observations précédentes, que dans les cas les plus favorables, la blende, et par suite les gîtes des minerais de zinc, ont encore une importance réelle, surtout lorsqu'ils sont avantageusement situés, comme le sont ceux de Laffrey, de Saint-Theoffrey et de la vallée de la Romanche.

Parmi les gîtes de minerais de zinc, nous citerons les gîtes suivants ;

La Peyrère,
La Longerolle,
Le Grand-Lac,
La Fayolle,
Le Mollard,
Riftord,
L'Eugénie, etc.

MINES DE LA PEYRÈRE, DE LA LONGEROLLE, DU GRAND LAC, DE LA FAYOLLE, DU MOLLARD, DE RIFTORD, DE L'EUGÉNIE, ETC.

Le gîte de la Peyrère est situé dans la commune de Laffrey, non loin de la route de Grenoble à Gap. Il se trouve encaissé dans un petit mamelon, et annoncé par des affleurements disséminés aux alentours, ainsi que par des traces d'anciens travaux tout à fait superficiels et exécutés probablement à ciel ouvert. Ces travaux remontent sans doute à une époque reculée, et n'avaient eu pour but que la recherche et l'exploitation de la galène. Les anciens ignorant le traitement de la blende, ce minerai n'était pas extrait ou était laissé sur les haldes et dans les déblais comme matière sans valeur. Au reste la blende n'a réellement acquis une importance industrielle que depuis un petit nombre d'années, c'est-à-dire que du moment où nous sommes parvenus, avec plusieurs autres personnes, à faire avec la blende du zinc excellent et à bon marché.

Le gîte de la Peyrère consiste en un amas assez considérable au milieu des couches du lias. Il renferme des minerais de zinc, de plomb, de cuivre et de fer. Généralement le zinc y est à l'état de blende, le plomb à l'état de galène et le cuivre à état de sulfure gris. Mais la calamine semble quelquefois y former des parties assez importantes.

Dernièrement on a fait dans le gîte de la Peyrère

quelques travaux de recherches et d'exploitation. On l'avait pris, comme beaucoup d'autres, pour un filon couché ou pour une couche; mais l'examen des lieux et des travaux, la position et le régime du gîte nous ont démontré que ce gîte consistait en un amas irrégulier, dont il était difficile d'apprécier les allures, les limites et l'importance.

Quoique l'on ne puisse pas dès aujourd'hui avoir une opinion complète sur l'importance réell edu gîte de la Peyrère, ce gîte n'offre pas moins une certaine ressource pour le moment, d'autant plus qu'il se trouve très favorablement situé, et qu'il parait être exploitable à ciel ouvert et avec de très petits travaux préparatoires. Mais, vu la nature du gîte, il faudra tracer et conduire les travaux d'exploitation avec beaucoup de soins et de prudence.

Le gîte du Grand-Lac est aussi situé dans la commune de Laffrey, et se comporte à peu près comme celui de la Peyrère. Seulement il est mieux encaissé, il se présente davantage sous la forme d'un filon et parait être moins développé que le dernier.

Dans les travaux qui ont été exécutés dernièrement et qui consistent seulement en une galerie presque superficielle, on n'a trouvé que de la blende, les anciens ayant extrait le minerai de plomb et laissé la blende. Cette blende est extrêment pure et offre une grande quantité de cristaux, qui sont très gros, limpides et généralement d'un rose incarnat. La disposition du gîte, la manière dont la blende y est répartie, et surtout les caractères ainsi que l'abondance des cristaux, montrent nettement que ce gîte n'est pas un gîte originaire.

Si des recherches mieux dirigées que celles qui sont faites en ce moment, démontraient qu'il y a lieu d'établir une exploitation assez importante, il conviendrait, pour l'entreprendre, de la calculer avec beaucoup de soins, non seulement à cause de la nature du gîte, mais encore à cause de sa proximité du lac et de sa petite élévation au-dessus de celui-ci.

Le gîte de la Fayolle est situé dans la commune de Saint-Theoffrey, auprès de la grande route de Grenoble à Gap et à une petite distance des gîtes précédents; on peut même dire que c'est au détriment du gîte de la Fayolle qu'une partie des gîtes irréguliers du voisinage ont été formés. Quoi qu'il en soit, le gîte de la Fayolle est un véritable gîte régulier. Il consiste en un filon parfaitement réglé, très puissant, très étendu; il se trouve encaissé dans des roches talqueuses anciennes (gneigyne, gneiss talqueux, etc.). Il est composé de blende, de galène, de chalkopyrite, de limonite, etc. La blende et le minerai de fer dominent jusqu'à présent. Le minerai de fer, qui se présente principalement à l'état de limonite dans les parties supérieures, qui est probablement à l'état de sidérose et de pyrite ou d'oligiste dans les parties inférieures, et par conséquent épigénique de ces derniers, forme pour ainsi dire les salbandes de la portion médianne du filon, composée de blende, de galène et de chalkopyrite. Cette portion médianne du filon, formée des trois minerais de zinc, de plomb et de cuivre, mais surtout de blende, a une puissance moyenne de $0^{m},80$ dans les travaux superficiels; tandis que les minerais de fer y ont en totalité une épaisseur de $0^m,60$ environ, soit $0^m,30$ de chaque côté de la partie médianne du filon. L'ensemble du filon métallifère présente donc une puissance moyenne de $1^m,40$ à ce niveau, en y comprenant toutefois la gangue, qui est en quartz, mais qui est peu abondante. On ne peut préciser l'épaisseur totale du filon à une grande profondeur, puisque la galerie, qui a été faite suivant la direction générale du filon et à ciel ouvert, n'atteint pas 5 mètres au-dessous des affleurements. Enfin, les différents minerais qui composent le filon sont souvent mêlés entre eux; cependant ils affectent plutôt une disposition rubannée, les minerais de fer se trouvant toujours aux extrémités du filon et servant ainsi d'encaissement aux autres.

Telles sont en somme la nature et les allures du filon dans les travaux et aux affleurements sur une très grande étendue. Ce régime du filon est constant sur toute la longueur reconnue, et, selon toutes les apparences, elle doit se poursuivre ainsi dans la profondeur, si ce n'est que le filon augmente de puissance à mesure qu'il s'enfonce dans l'intérieur de la roche encaissante.

Tous ces faits, réunis à plusieurs autres, démontrent que le gîte de la Fayolle est un gîte régulier, consistant en un filon puissant et très réglé.

La galerie qui a été faite suivant la direction générale du filon, et qui est le seul travail exécuté jusqu'à ce jour, n'atteint pas 15 mètres de longueur; et ce qui doit paraître étonnant aux yeux des personnes habituées aux mines métallifères, c'est que les concessionnaires, au lieu d'appliquer tous leurs efforts et toutes leurs ressources à des gîtes irréguliers, n'aient pas concentré leurs travaux sur le filon de la Fayolle, qui offre sans contredit les conditions les plus avantageuses pour une exploitation fructueuse, développée et durable.

En définitive, l'étude du gîte de la Fayolle, soit sur les affleurements, soit dans les travaux exécutés, malgré le peu de développement de ceux-ci, suffit pour démontrer dès aujourd'hui que cette mine est, de toutes celles des environs, la plus importante, la plus sûre et la plus facile à exploiter immédiatement en grand.

La situation du gîte de la Frayolle, sur un mamelon, auprès de la route nationale de Grenoble à Gap, à une petite distance de Laffrey et par conséquent de Vizille, donne à ce gîte une grande importance, en laissant même de côté sa nature, son régime, sa puissance et sa richesse.

Le mode d'exploitation du gîte de la Fayolle est nettement tracé par la nature, le régime et la position de ce gite. Or, cette exploitation est la plus élémentaire : il suffit d'ouvrir une ga erie à une distance convenable des affleurements, et à un niveau assez inférieur pour qu'elle puisse aller rencontrer le filon à une profondeur qui permette d'établir une exploitation sur grande échelle, au moyen de galeries à divers niveaux et par gradins renversés. La quantité du minerai qui sera extrait dépendra uniquement du développement des travaux, et du nombre des ouvriers qu'on mettra dans les chantiers : avec un gîte qui se présente dans de semblables conditions, il n'y a pas de limites à l'extraction.

Quant aux frais de transports des produits de l'exploitation aux usines des préparations mécaniques de Laffrey, ils seraient presque nuls, le gîte de la Fayolle se trouvant, à cet égard, comme ceux des environs de Laffrey, dans une position exceptionnelle.

Ainsi, tout concourt à faire du gîte de la Fayolle un des points les plus importants des exploitations. C'est pourquoi nous conseillons de l'attaquer immédiatement sur une grande échelle : si l'on procédait d'une manière convenable, il pourrait, à lui seul, avec des travaux assez developpés, alimenter une usine, et cela dans les meilleures conditions économiques.

Le gîte du Mollard est situé dans la commune d'Allemont. Il consiste en un filon parfaitement encaissé dans les roches cristallines anciennes et se poursuivant à une distance considérable dans la montagne. Sa puissance est de $0^m,15$ à $0^m,30$ aux affleurements.

Les minerais que ce gîte renferme sont de la blende et de la galène auro-argentifère, comme nous l'avons déjà dit et comme nous le répéterons plus loin.

Le filon du Mollard a été jadis exploité pour la galène par les anciens propriétaires des mines d'Allemont. Mais la blende s'y trouvant en plus grande proportion que la galène, ces industriels, qui ne pouvaient alors utiliser la blende, abandonnèrent bientôt l'exploitation de ce gîte.

Le gîte de l'Eugénie, ou du Grand-Roc, est situé dans la commune de Mizoëns et près de la route de Grenoble à Briançon. Il consiste en un filon très bien encaissé dans les roches cristallines anciennes, particulièrement dans le schiste micacé. Sa gangue est formée de quartz ; et sa direction générale a lieu environ du S.-E. au N.-O. (nord magnétique).

Jusqu'à présent, on a fait dans ce gîte qu'une tranchée de 4 mètres de longueur et de $2^m,50$ de profondeur. La partie du filon qui a été ainsi attaquée, se trouve à une distance de 70 mètres et à une hauteur de 15 mètres au-dessus de la route. L'épaisseur de la partie exclusivement métallifère du filon est de $0^m,10$ à la surface, de $0^m,15$ à $0^m,30$ au-dessous, et de $0^m,30$ à $0^m,60$ de profondeur. Cette augmentation de puissance avec la profondeur indiquerait que la partie exclusivement métallifère du filon prend du développement à mesure que celui-ci s'enfonce, c'est-à-dire que le filon s'enrichit avec la profondeur. D'ailleurs, ce filon se poursuit à une distance considérable sur la montagne, où il présente souvent une plus grande puissance que près de la route.

La situation du gîte de l'Eugénie, son encaissement dans les roches anciennes, son développement considérable, l'augmentation de sa puissance avec la profondeur, sa régularité, etc. doivent nécessairement faire comprendre ce gîte parmi les plus intéressants et parmi ceux qui réclament, sinon une exploitation immédiate, du moins des études sérieuses. Les produits de l'exploitation de ce gîte seraient, vu son voisinage de la grande route, facilement transportés à l'usine des préparations mécaniques de la vallée de la Romanche, si l'on ne jugeait pas utile d'en établir une pour les mines des environs de Riftord.

Quoiqu'il y ait encore plusieurs autres gîtes de blende plus ou moins importants, nous bornerons là les détails sur les mines de zinc,

Tout le monde connaît la teneur en zinc de la blende ; on sait qu'elle est peu variable. Cependant celle des blendes des gîtes alpins présente de certaines variations, par suite de la plus ou moins grande quantité de fer que ces blendes renferment. Dans tous les cas leur teneur en zinc n'est jamais inférieure à 40 p. 0/0.

Nous avons déjà dit qu'il fallait établir à Vizille une usine d'essai pour le traitement de la blende ; nous ne reviendrons pas sur les motifs qui ont déterminé en nous cette opinion ; mais nous ajouterons un mot relativement au mode de traitement de ce minerai.

Aujourd'hui, le problème du traitement en grand de la blende est résolu ; mais il reste à résoudre, pour une contrée où la houille est à un prix élevé, celui du traitement de la blende avec l'anthracite. Telle est la question capitale dont on devra s'occuper sérieusement, d'après les indications que nous avons données et au moyen d'un système de fourneaux *ad hoc*, très surbaissés pour le grillage.

Il y a, en outre, à étudier pratiquement une question qui, de prime-abord ne semble pas importante, mais qui pour des personnes habituées aux usines de zinc, de plomb, etc., présente de la gravité : c'est celle qui se rapporte aux creusets.

On sait, en effet, que l'une des causes des dépenses dans le traitement des minerais de zinc est la casse des creusets : par cette casse on perd non seulement le creuset et le minerai, mais encore le combustible, la main-d'œuvre et le temps; en somme on éprouve des pertes considérables et des entraves dans la marche régulière des opérations. Or, des essais pour la fabrication de creusets qui puissent obvier à ces inconvénients, ont été faits avec quelque succès. Ces creusets fabriqués d'une certaine manière et avec certaines matières, que l'on ajoute en très petites quantités à la terre réfractaire, peuvent subir des variations plus ou moins brusques de température sans se casser. Ils durent plus longtemps que les autres, et finalement peuvent diminuer de beaucoup les frais, par conséquent contribuer au traitement économique de la blende ou d'autres minerais. Nous ne saurions donc trop conseiller de continuer ces essais, sur une plus grande échelle, dans les usines de Vizille.

Dans la plupart des usines les terres réfractaires, matières indispensables, soit pour la fabrication des creusets, soit pour celle des briques employées dans l'intérieur des fourneaux, sont ordinairement apportées de très loin. Dans les Alpes, on a des terres réfractaires à Chambarau et à Voreppe. Celles de Chambarau coûtent, rendues à Grenoble, 1 fr. 50 c. à 1 fr. 75 c. les 100 kil., et celles de Voreppe ne reviennent qu'à 1 fr. 50 c. les 100 kil.

Les terres de Chambarau sont de médiocre qualité, mais les terres sablo-argileuses de Voreppe sont très réfractaires. Lorsqu'on a besoin de terres de premier choix, on fait un mélange des terres de Bagnoles ou de Bolème avec 2/3 du sable argileux de Voreppe. A Grenoble, les 100 kil. des terres de Bagnoles ou de Bolème reviennent à 6 fr. De sorte que dans toutes les combinaisons les plus défavorables les terres réfractaires ne coûteront jamais plus de 3 fr. à 3 fr. 50 c. les 100 kil., rendues aux usines.

Devis sommaire des dépenses pour les recherches, pour l'exploitation, pour les usines des préparations mécaniques et pour l'usine des traitements métallurgiques.

Exploitation du gîte de la Fayolle.	18,000 fr.
Exploitation du gîte de la Longerolle. Les dépenses relatives à cette exploitation sont déjà comprises dans le devis des mines de plomb..........	»
Exploration et commencement d'exploitation des gîtes de la Peyrère, du Grand-Lac, etc., s'il y a lieu......	4,000 »
Exploration et commencement d'exploitation des gîtes du Mollard et de l'Eugénie.........................	5,000 »
Usine des préparations mécaniques pour les mines de Riftord, de l'Eu-	
A reporter....	27,000 fr.

Report....	27,000 fr.
génie, etc...............................	4,000 »
Usine d'essai pour les traitements métallurgiques (à Vizille)..............	20,000 »
Total.......	51,000 fr.

CHAPITRE V.

DES MINES D'OR.

On est peu disposé à croire à l'existence, ou du moins à la richesse des mines d'or en Europe. Nos contrées européennes ont cependant donné lieu jadis à de nombreuses exploitations : la Grèce, l'Espagne, la France, etc. ont été renommées pour leurs mines d'or. Aujourd'hui même l'Europe fournit encore une part assez considérable de l'or produit annuellement.

Toutes les mines ne furent pas abandonnées à l'époque de la découverte de l'Amérique; plusieurs continuèrent d'être exploitées avec fruit : telles sont les mines de Schemnitz et de Kremnitz, en Hongrie, dont l'exploitation date de onze cents ans au moins, et dans lesquelles on pratique encore maintenant d'immenses travaux (1). On peut également citer

(1) On y exécute aujourd'hui une galerie d'écoulement de 16 kilomètres environ de longueur, à laquelle on travaille depuis soixante ans, et qui ne sera guère terminée que dans une dizaine d'années. On espère que cette galerie, qui a pour but de permettre l'approfondissement des travaux dans les gisements déjà connus, fera découvrir de nouveaux filons.

les mines de Zalama, en Transylvanie, qui étaient exploitées du temps des Romains, et qui n'ont cessé de donner de beaux produits (1). Enfin n'avons-nous pas vu l'exploitation de l'or prendre en Russie une immense extension, que le perfectionnement des procédés métallurgiques doit encore augmenter? Sans nul doute aussi les richesses de la Californie et d'autres contrées lointaines, malgré leur développement, n'éteindront pas, du moins de longtemps, les exploitations fructueuses de notre continent.

Mais, tous les esprits sont aujourd'hui tendus vers les mines d'or de la Californie, de la Nouvelle Grenade, etc. Il est incontestable, d'après diverses relations, que ces contrées lointaines renferment de riches gîtes d'or et peut-être d'autres matières précieuses. Il est aussi très probable que ces contrées présentent, comme la Russie, des avantages pour l'exploitation de l'or par les caractères et la disposition des gîtes exploités, qui sont d'immenses dépôts de sables provenant du démantèlement de gîtes dans les terrains cristallins anciens, et du transport de leurs matériaux à des distances plus ou moins considérables des points originaires, la nature ayant fait ainsi une partie des travaux d'exploitation et des préparations mécaniques. Néanmoins, il s'écoulera probablement bien du temps avant que l'on puisse déterminer rigoureusement

(1) Ces mines produisent ensemble 6 à 7 millions, tant en or qu'en argent. En supposant qu'elles aient donné annuellement la moitié seulement de ce qu'elles rendent aujourd'hui, on calcule qu'il en serait sorti une valeur de 6 milliards environ.

les règles qui ont présidé à ces transports, et par conséquent reconnaître les circonstances qui peuvent dévoiler les gîtes les plus riches, les plus réguliers, etc. Trop souvent le hasard et quelques caractères empiriques seront seuls les guides, encore pendant un grand nombre d'années : aussi en résultera-t-il tantôt d'heureuses découvertes, tantôt de cruels mécomptes.

Tout en admettant les cas les plus favorables pour les gîtes aurifères de la Californie, de l'isthme de Panama, etc., il y a un ensemble de conditions qui influeront toujours sur les résultats des entreprises tentées dans ces contrées. Tels sont : l'insalubrité du pays qui, de longtemps, ne pourra être maîtrisée ; la différence de climat, de nourriture, etc. pour des Européens ; la saison des pluies qui ne permet de travailler aux mines qu'une partie de l'année ; l'éloignement qui ne séduira jamais les bons travailleurs et les hommes capables au point de se séparer de leurs familles, de quitter leur patrie, dans l'incertitude d'un retour et d'une fortune, lorsqu'ils trouvent à utiliser avec avantage leurs bras ou leur intelligence chez eux ; la difficulté de réglementer des ouvriers et même des agents à d'aussi grandes distances ; le peu de garantie et de sécurité qu'ils offrent pour les intérêts des bailleurs de fonds ; l'impossibilité d'aller vérifier assez souvent les opérations ; les dépenses énormes pour les voyages ; l'exigence des agents et des ingénieurs ; le prix élevé des ouvriers ; la cherté des vivres, du matériel, etc. ; etc.

D'après les réflexions précédentes, il est évident

que, si l'on parvenait à trouver en France des gîtes aurifères qui fussent exploitables, avec une richesse beaucoup moins grande que ceux de la Californie ou de toute autre contrée éloignée, ils donneraient en définitive des résultats plus avantageux ; car tous les inconvénients mentionnés ci-dessus n'existeraient pas. C'est pourquoi les gîtes des Alpes méritent une sérieuse attention de la part des spéculateurs français, et même l'encouragement du gouvernement ainsi que des hommes éclairés, qui désirent le progrès industriel dans leur propre pays.

DES MINES D'OR EN FRANCE.

La France ne figure pas aujourd'hui parmi les pays qui exploitent l'or, bien qu'elle en ait produit jadis de notables quantités.

Plusieurs rivières de la France, comme le Pactole des anciens, roulent avec leurs sables des paillettes d'or, qui ont donné lieu à des exploitations plus ou moins lucratives. Ainsi le Rhône charrie de l'or, et le lavage de ses sables a occupé jadis beaucoup d'ouvriers. Des auteurs anciens (Pline, Diodore de Sicile, Strabon, Polybe, etc.) parlent des paillettes que les Gaulois en tiraient pour faire des anneaux et des bracelets. Cette industrie s'est conservée pendant le moyen-âge, et Réaumur en a décrit les procédés : il a dit (mémoires de l'Académie des sciences, 1778) que l'or du Rhône est à 20 karats, puisqu'il ne contient que 1/6 de cuivre et d'argent (1). Presque de nos jours les chimistes et na-

(1) Voici ce que nous lisons à ce sujet dans une notice publiée par Chambon, en 1714:

« Il est bon de savoir, et c'est une chose connue, non seulement « de tous les voisins du Rhône, mais de ceux qui descendent cette « rivière, que bon nombre de personnes s'appliquent à la sépara- « tion du sablon de cette rivière d'avec les pallioles d'or. Les per- « sonnes qui s'attachent à la séparation de ces pallioles, font « comme on fait dans les mines qui abondent en or, par menus « grains.... (suit la description du travail).... J'ai connu un orfèvre,

turalistes, Alphonse Barba, en 1751, Helat, en 1764, Gobet, en 1779, Guettard et Dietricht, en 1789, ont parlé aussi des sables aurifères du Rhône. Enfin M. Gueymard a fait mention, en 1844, des orpailleurs de Cuzé, en Savoie, dont la journée moyenne s'élève presque à 1 fr. 50.

Si l'on réfléchit que l'or répandu dans les rivières provient de la désagrégation de la partie supérieure des gîtes originaires, il était déjà permis de conclure de la nature aurifère des sables du Rhône que certaines régions des Alpes contenaient des gisements de ce métal. Or, dès le XVIIe siècle, on fit des recherches dans les montagnes du Dauphiné, et l'on ne tarda pas à trouver des traces de gisements d'or.

En effet, on peut consulter à la bibliothèque nationale une petite brochure, imprimée en 1631, qui porte le titre suivant : *Très humble remontrance présentée à Son Altesse Royale monseigneur le duc d'Orléans, par Ives de Michel, sieur de Serre, sur le sujet de très riches et abondantes mines d'or et d'argent découvertes en la province de Dauphiné, qu'il a voulu faire travailler au profit du roi et au soulagement du peuple, dont il n'a pu avoir les expéditions nécessaires.* Il parut aussi, à peu près à la même

« dans Avignon, qui a bien gagné dans ce commerce ; il payait « les pallioles sur le pied de la valeur de l'argent, mais il y trou- « vait bien son compte, et il avait garde d'en instruire ceux qui « les lui apportaient...... Ceux qu'il occupait à la séparation de « ces pallioles, gagnaient 30 à 40 sous par jour.... Ce que j'avance « est d'une vérité incontestable ; ainsi je puis, raisonnablement « parlant, dire que nous avons de l'or en France, et que si nous « ne profitons pas de ces produits, c'est plutôt faute de les faire « valoir, que par le défaut de la région que nous habitons. »

époque, une autre brochure intitulée : *L'heureuse rencontre d'une mine d'or trouvée en France.*

D'autre part, on sait maintenant que certaines mines de la France, par exemple celles de Chessy et de St-Bel, renferment des minerais aurifères; depuis quelque temps on essaie même d'en retirer les faibles quantités d'or qu'ils contiennent

Mais jusqu'à ce jour, la mine de la Gardette est sans contredit, de tous les gîtes aurifères de la France, celui où l'or s'est présenté avec le plus d'abondance et celui qui semble offrir le plus de chances de succès comme mine d'or.

GITES AURIFÈRES DES ALPES DAUPHINOISES.

Les gîtes aurifères sont assez nombreux dans les Alpes dauphinoises; les principaux paraissent être ceux :

De la Gardette,
De l'Auris ,
Du Mollard ,
Du Pontraut,
Et de la Grave.

Nous allons parler de ces divers gîtes, mais principalement de la Gardette.

MINE D'OR DE LA GARDETTE.

Nous avons emprunté les principaux documents qui vont suivre sur les gîtes aurifères des Alpes, aux travaux les plus importants, les plus circonstanciés, nous dirons même les plus officiels qui aient été publiés sur ces mines. Ce sont ceux de : 1° M. Héricart de Thury, inspecteur-général des mines, etc., ancien ingénieur dans l'Oisans et les contrées voisines (Journal des mines, vol. 20, et rapports faits à l'administration supérieure) ; 2° M. Gueymard, ingénieur en chef-directeur des mines et professeur à la faculté des sciences de Grenoble (Statistique minéralogique, géologique, métallurgique et minéralurgique du département de l'Isère, 1844) ; 3° M. Schreiber, ancien ingénieur en chef des mines dans l'Oisans et les pays voisins (Journal de physique, vol. 20, et rapports faits à l'administration supérieure); 4° M. Baumier, ancien inspecteur-général des mines, etc. (Rapports faits à l'administration supérieure); 5° M. Graff, ancien ingénieur aux mines d'Allemont, etc. (Annales des sciences physiques et naturelles, d'agriculture et d'industrie de Lyon); 6° M. Burat, ingénieur civil et professeur à l'école centrale (Rapport fait à la société May).

Tous ces travaux méritent entière confiance non seulement à cause de l'importance de leurs auteurs, mais encore à cause de leur accord parfait. D'un autre côté, nos propres observations confirment pleinement les opinions des ingénieurs précédemment nommés, et nous n'aurons pour le moment que peu de choses à ajouter aux renseignements fournis par ces savants.

On compte dans les montagnes de l'Oisans et des environs au moins huit gîtes où la présence de l'or a été rigoureusement constatée, savoir :

1° Mine du Pontraut,
2° Id. du Mollard,
3° Id. de l'Auris,
4° Id. de la Cochette,
5° Id. de Theys,
6° Id. d'Allevard,
7° Id. des Challanches,
8° Id. de la Gardette, etc.

La mine du Pontraut contient une galène aurifère. Le filon gît au-dessus d'Oz et de Vaujany ; il affleure dans les régions les plus élevées. 100 kil. de galène de ce filon ont donné 58 kil. de plomb, 244 grammes 572 millièmes d'argent, et 2 grammes 884 millièmes d'or.

La mine du Mollard contient une galène aurifère en filon ; elle est située sur la rive droite de l'eau d'Oulles. 100 kil. ont donné 60 kil. de plomb, 122 grammes 286 millièmes d'argent et 2 grammes 254 millièmes d'or.

La mine de l'Auris est située sur la rive droite de la Romanche. C'est un filon formé d'un mélange d'antimoine, de plomb, de cuivre et de zinc auro-argentifère. 100 kil. ont donné 50 kil. d'antimoine, et, s'il n'y a pas erreur, le myriagramme de fonte d'antimoine aurait produit 95 hectogrammes d'argent et 4 grammes 812 millièmes d'or.

La mine de la Cochette est située près du col de ce nom. Son minerai est du cuivre pyriteux aurifère en filon. 100 kilog. de minerai ont donné 36 kilog. de cuivre rosette, et 100 kilog. de cuivre noir ont produit 2 grammes 360 millièmes d'or.

La mine de Theys est située dans la Combe-du-Merle de Theys; elle consiste en un filon de fer spathique, renfermant des rognons irréguliers et rares de cuivre pyriteux aurifère. Suivant M. Gueymard tous les filons de fer qu'il a étudiés sur le territoire de Theys contiennent en général des rognons de cuivre gris, qui sont très riches en argent.

La mine d'Allevard située au Buisson présente du cuivre gris argentifère et aurifère en rognons. Dans un filon 100 de minerai ont donné 60 de cuivre noir ou 38 de cuivre en rosette, 4 d'argent et 0, 003,158 d'or.

La mine des Challanches offre du cuivre pyriteux aurifère, disséminé dans les filons (1).

La mine de la Gardette, la plus spécialement aurifère, renferme de l'or natif et de l'or allié à d'autres métaux, comme on le verra plus loin.

Cet exposé succinct montre que l'or ne se trouve pas exclusivement à la Gardette, mais très souvent dans les mines des environs; que par conséquent

(1) Schreiber, journal de physique de 1780, vol. 20.

le gîte aurifère de la Gardette n'est nullement un accident, ni une anomalie dans les montagnes de la contrée; qu'enfin il devrait y avoir, dans ce pays, selon toute apparence, soit d'après la constatation des faits, soit d'après la théorie du mode de formation des filons, un point central de production, où l'or, répandu en plus grande abondance qu'ailleurs, serait fructueusement exploitable. Ce point paraît être la Gardette.

La teneur en or dans les gîtes aurifères, comme celle en platine, en argent, etc., dans les mines qui renferment ces métaux, n'est pas constante : elle varie suivant les différents points. Il est donc très possible qu'à la Gardette les travaux de recherches faits jusqu'à présent, même en supposant qu'ils aient été bien conçus et exécutés sur une échelle convenable, n'aient pas encore pu atteindre les points les plus riches.

Historique des travaux exécutés à la mine d'or de la Gardette.

C'était depuis longtemps la commune renommée, dit M. Schreiber, qu'il existait un filon aurifère dans la montagne de la Gardette. Cependant les premières attaques ne datent que du commencement du dernier siècle. Elles furent entreprises par des montagnards, qui les abandonnèrent faute de moyens soit pécuniaires, soit intellectuels.

En 1733, on fit quelques recherches superficielles par ordre du roi; mais elles furent mal dirigées et n'obtinrent aucun succès.

En 1765, les habitants de la Gardette firent de nouvelles attaques pour extraire du cristal de roche; leurs travaux se bornèrent à une fouille de 11 mètres de profondeur, dans laquelle ils trouvèrent quelques indices d'or, au milieu des cristaux de plomb sulfuré, déposé sur des aiguilles de quartz.

En 1770, après la découverte de la mine d'argent des Challanches, un propriétaire des environs, M. Laurent Garden, attaqua le filon de quartz, et après plusieurs journées de travail, il trouva dans la gangue plusieurs échantillons d'or natif parfaitement caractérisés. Cependant M. Binelli, directeur de la mine d'argent d'Allemont, auquel des échantillons furent portés, ne reconnut pas l'identité de ces échantillons avec la nature du filon de la Gardette.

Quoi qu'il en soit, l'existence de la mine d'or de la Gardette ne fut réellement constatée qu'en 1779. L'inventeur, ayant poursuivi ses recherches, parvint une seconde fois à recueillir des échantillons qu'il envoya à la fonderie d'Allemont. M. Schreiber, qui en était le directeur, se transporta sur les lieux et reconnut l'analogie qui existait entre les échantillons et le filon d'où ils avaient été extraits; il fit faire quelques essais, retira de l'or natif, et s'assura que les minerais de plomb, de zinc, de cuivre et d'argent de la Gardette étaient aurifères.

Voici comment M. Schreiber rapporte les circonstances de ces premières découvertes : « Je visitai plusieurs fois, très exactement, le filon par-

« tout où il se montrait au jour, et dans les endroits « où il avait été sondé. Je confrontai la gangue avec « l'échantillon, entre lesquels je remarquai une « parfaite ressemblance, et je fis commencer des « recherches à l'endroit où l'échantillon avait été « rencontré (1).

« Le filon y était visible au jour, et coupé à pic « dans une hauteur d'environ 3 mètres; je fis « faire une excavation de haut en bas, dans laquelle « on découvrit d'abord du cuivre pyriteux qui, à « l'essai, donnait un indice d'or; bientôt après il se « montra dans la roche, au toit du filon, une fis- « sure remplie de terre ferrugineuse de 2 centi- « mètres d'épaisseur, dont la direction était paral- « lèle à celle du filon, et qui avait une inclinaison « opposée. A la jonction de cette fissure, le filon « était déplacé vers son mur d'environ 2 décimè- « tres. On trouva autour de ce déplacement, dans « une longueur de 4 mètres, des morceaux de « gangue richement parsemés d'or.

« Si l'on avait attaqué le filon 2 mètres plus bas, « on aurait trouvé, le premier jour du travail, les « traces de l'or, car il s'en trouvait tout près de la « surface du terrain; il y avait même des morceaux « où les racines du gazon qui couvrait le filon s'é- « taient introduites dans les interstices de la gan- « gue, et étaient entrelacées de paillettes d'or. »

Le gîte de la Gardette était compris dans l'arrondissement des mines concédées au comte de

(1) C'est l'endroit qui est indiqué sous le n° 20, sur le plan des anciens travaux.

Provence (depuis Louis XVIII), par arrêt du conseil d'État en date du 10 juin 1776. Le comte de Provence se décida, sur le rapport de M. Schreiber, à tenter des travaux de recherches et d'exploitation. Ils furent commencés en 1781 et continués sans interruption jusqu'en 1787, mais sans activité et avec de trop faibles moyens. On fit d'abord les rampes nécessaires pour arriver aux affleurements du gîte, et l'on s'occupa ensuite de la construction d'une baraque pour loger des ouvriers, établir une forge et recevoir le minerai.

Après ces premières dispositions, on chercha, par différentes méthodes, à connaître l'étendue du filon, afin de choisir les endroits les plus favorables pour disposer l'ensemble des travaux. Ainsi, la plupart des attaques, consistant en tranchées, puits et galeries, qui furent disséminées sur vingt-deux points différents, doivent être considérées plutôt comme une reconnaissance que comme une véritable exploitation. Les seuls travaux qui méritent ce nom sont la galerie et les points qui figurent sur le plan des anciens travaux, sous les nos 21 à 28. Du reste toutes ces attaques, soit aux affleurements, soit à l'intérieur du gîte, ont donné des minerais d'or plus ou moins riches.

Les premiers succès de l'exploitation de la mine d'or produisirent un grand effet dans le public, malgré les préoccupations politiques qui envahissaient déjà tous les esprits. Le comte de Provence fit frapper plusieurs médailles avec l'or qui fut d'abord extrait de la mine de la Gardette; elles présentaient d'un côté Louis XVI, et de l'autre le comte de Provence offrant au roi ce premier produit de l'exploitation (1).

Les événements politiques suspendirent les travaax. Plus tard Napoléon voulut les faire reprendre, sur les conclusions d'un rapport remarquable adressé en 1805 par M. Héricart de Thury; mais les événements politiques qui se succédèrent, vinrent encore faire ajourner le projet de Napoléon.

Les mines de la Gardette attirèrent aussi l'attention du gouvernement de la restauration. En 1817, M. de Bonnard, inspecteur-général des mines, fut chargé d'examiner l'état du gîte et de faire un rapport. Ses études le conduisirent à des conclusions conformes à celles de MM. Schreiber et Héricart de Thury; mais le gouvernement, qui n'exploitait pas lui-même, ne put qu'appeler l'attention des spéculateurs sur la mine de la Gardette.

En 1829, M. Van de Velde demanda la concession de la mine de la Gardette; la question fut de nouveau examinée par M. l'ingénieur ordinaire des mines, par M. Gueymard, ingénieur en chef, et par M. Beaunier, inspecteur-général, dont le rapport, fait au conseil des mines, conclut à l'opportunité de la reprise des travaux. La concession fut donc accordée par ordonnance royale, le 15 février 1831. Le concessionnaire, qui était belge, et qui n'avait

(1) Deux de ces médailles étaient tombées, sous l'empire, entre les mains de Cambacérès. Lorsque quelques grands citoyens se décidèrent à faire des sacrifices pour subvenir aux besoins de la guerre, il envoya ces médailles avec son argenterie à l'hôtel de la Monnaie, où elles furent fondues; mais le moule de ces médailles existe encore à la Monnaie.

été qu'un instrument, n'en prit pas possession ; et, en 1837, la concession en fut faite de nouveau à une société plus régulière, dont M. May était le gérant. Mais on ne commença les travaux qu'en 1838; ces travaux, qui durèrent jusque vers la fin de 1840, ont été exécutés à la surface suivant les affleurements, ainsi que dans des puits et galeries, notamment dans les galeries May, de Thury, Gueymard et Bride. Au reste, les principaux travaux ont été faits dans la grande galerie de coupement et d'écoulement, entreprise dans le but d'aller rejoindre le filon à un niveau inférieur aux anciens travaux. En définitive, les travaux de la société May ont été peu importants, car les dépenses totales de la société ne s'élèvent qu'à 54,926 fr. 12 c.; et encore la majeure partie de ces travaux, exécutés pour le percement de la galerie d'écoulement, a été faite dans un terrain stérile et non dans le filon.

On a trouvé de l'or natif, quelquefois en très beaux échantillons, sur certains points du filon. La compagnie a vendu, pour les musées d'histoire naturelle, les échantillons d'or les plus apparents, ainsi que des groupes de cristaux de quartz-hyalin qu'elle a rencontrés dans quelques galeries, notamment dans celle de Thury; mais elle a fondu à Allemont la plus grande partie de ses produits aurifères.

En 1840, les travaux furent suspendus par suite de difficultés qui étaient survenues dans le sein de la société; et les sociétaires, n'ayant pu se mettre d'accord entre eux, la liquidation de la société fut prononcée, laissant ainsi des travaux d'exploitation et de recherches à l'état d'ébauche.

Lorsqu'en 1841 M. de Bonnard fut visiter tous les travaux, il exprima ses regrets en voyant que la galerie de Thury n'avait pas été poussée jusqu'au calcaire dolomisé, et la galerie May jusqu'au filon.

Par suite de la liquidation de la société May, la concession de la Gardette est devenue, il y a quelque temps, la propriété de l'un des principaux actionnaires de cette société; mais, jusqu'à ce jour, les événements politiques ont fait différer la reprise des travaux, dont le projet n'a d'ailleurs jamais été abandonné.

Résultats des travaux exécutés à la mine d'or de la Gardette.

La majeure partie des travaux qui ont été faits à la Gardette sont des travaux de surface. A l'exception de la grande galerie d'écoulement qui n'a pas encore été poussée assez loin pour couper le filon, les travaux les plus profonds ont à peine atteint 85^m; car le grand puits, qui est le travail le plus inférieur, n'a pas 87^m. D'un autre côté, la longueur de la galerie la plus longue n'est pas de 140^m; et si l'on n'ajoutait à la suite les uns des autres tant les travaux superficiels que les travaux intérieurs, en exceptant toutefois la grande galerie d'écoulement, on n'obtiendrait pas un développement de 600^m. En outre, on n'a jamais étudié certaines questions, telles que la teneur aurifère dans les salbandes, dans le calcaire dolomisé, etc. De sorte que les travaux ont été trop incomplets pour qu'ils aient pu déterminer la richesse moyenne du gîte et éclairer suffisamment sur les diverses questions d'une exploitation sérieuse.

En somme, tout ce que les travaux ont appris se borne : 1° à la connaissance plus exacte de l'allure générale du gîte et de quelques faits de détail qui le caractérisent; 2° à la connaissance des différents minerais qu'il renferme, des divers états sous lesquels l'or se présente, et de ses mélanges avec les autres métaux ; 3° à la connaissance d'un certain nombre de points très aurifères. Les points principaux sont indiqués sur le plan des travaux ; on cite surtout l'ouvrage n° 18 comme ayant fourni les plus beaux minerais. Enfin, les derniers travaux ont, d'après M. Gueymard, donné des échantillons plus riches que ceux qui avaient été extraits du temps de M. Schreiber.

On ignore les dépenses qui ont été faites avant l'entreprise tentée pour le comte de Provence; mais elles ont dû être très modiques. Les produits doivent aussi avoir été de peu de valeur.

On ne connaît pas non plus les résultats financiers de l'exploitation irrégulière et très bornée, qui a été faite pour le comte de Provence. Suivant les uns, on aurait obtenu des bénéfices importants ; suivant d'autres, au contraire, et nous sommes portés à croire leur assertion, les frais n'auraient pas été couverts. Mais les chiffres qu'il a été possible de recueillir, présentent une confusion qui ne permet d'en rien conclure d'exact. Ces chiffres embrassent par exemple, non seulement les frais d'exploitation proprement dite, mais aussi les frais de premier établissement, avec beaucoup d'autres qui ne doivent pas figurer dans une exploitation organisée régulièrement. Or, les frais qui ont dû être faits tout d'abord, l'établissement des rampes, les logements des mineurs, et surtout les dépenses résultant de la dissémination des ouvrages sur vingt-deux points différents, dont chacun a nécessité les travaux de déblais et de galeries qu'entraîne toujours une première attaque, tous ces frais sont des dépenses indépendantes des dépenses d'exploitation proprement dite, et leur proportion, relativement aux travaux dont le filon lui-même a été l'objet, est beaucoup trop considérable pour que l'on puisse établir une opinion sérieuse sur des chiffres aussi vagues et aussi incertains.

En outre, le produit de l'exploitation ne peut également être évalué avec exactitude ; il faudrait y comprendre la valeur de beaucoup d'échantillons de prix qui ont été distribués aux sociétés savantes, et surtout l'or employé dans les nombreuses médailles que le comte de Provence fit frapper en mémoire de la concession.

Les dépenses faites par la société May se sont élevées à 54,926 fr. 12 c.; mais dans cette somme ont été compris les frais généraux et autres, avec les frais de recherches et d'exploitation. Il résulte de pièces que nous avons sous les yeux et qui nous ont été communiquées par M. l'ingénieur en chef de la contrée, qu'il n'a pas été employé 25,000 fr. aux travaux de mine; et encore convient-il de déduire de cette somme plusieurs dépenses, notamment environ 6,000 fr. qui ont été consacrés au percement de la galerie d'écoulement, faite dans un terrain stérile. En sorte qu'il n'a certainement pas été dépensé 15,000 fr. aux véritables travaux de recherches et d'exploitation du filon.

Si l'on ignore les produits des premières tentatives d'exploitation, nous ne connaissons pas non plus exactement ceux de la compagnie May; cependant, si l'on acceptait les chiffres indiqués par divers intéressés, les produits auraient eu une certaine importance, vu le peu de développement des travaux exécutés dans le filon , car ils auraient été d'environ 15,000 fr. pour l'or.

Quoi qu'il en soit des données précédentes, il est à peu près certain pour nous que, dans les conditions où se sont trouvées les diverses entreprises qui se sont succédé et avec la marche qu'elles ont suivie, les frais n'ont jamais dû être couverts par les produits.

Mais le résultat qu'il importe de faire ressortir de ces tentatives d'exploitation, c'est l'ensemble des faits qui ont été bien constatés; par exemple, l'existence de plusieurs filons métallifères, la régularité du filon principal, la présence sur 18 points au moins de l'or natif ou associé à d'autres métaux, l'augmentation de la richesse avec la profondeur, et l'avantage de l'exploitation sur tous les points où le filon principal s'est montré aurifère.

Les tentatives qui ont eu lieu à différentes reprises présentent encore cela d'avantageux, que les travaux qui ont été exécutés profiteront sans contredit à de nouveaux spéculateurs, pour la direction à donner aux recherches et à l'exploitation qu'ils entreprendront. Ainsi, non seulement on pourra utiliser d'anciens travaux, notamment la grande galerie d'écoulement, qui sont dans un bon état de conservation, mais, grâce à l'expérience acquise, on pourra souvent distinguer à des caractères plus ou moins tranchés les parties riches et les parties pauvres ou stériles des filons.

Enfin, il est bon de faire remarquer que l'étendue des parties fouillées est presque nulle par rapport à celle des filons, que par conséquent il reste un vaste champ à explorer, circonstance qui augmente les chances de succès pour une exploitation fructueuse et de longue durée.

De l'opportunité de la reprise des travaux à la Gardette.

Depuis le moment où l'exploitation eut lieu d'après les ordres du comte de Provence, la mine de la Gardette a souvent attiré l'attention du gouvernement, ainsi que nous l'avons déjà dit. Tous les ingénieurs consultés à diverses époques, après avoir étudié le gîte, les travaux et leurs résultats, ont été d'avis de la reprise, sinon de l'exploitation, du moins des recherches.

Parmi les hommes spéciaux qui ont été appelés à émettre leur avis, M. Schreiber croyait fermement que la mine de la Gardette, exploitée d'une manière convenable, devait donner des résultats avantageux. Non-seulement il a consigné son opinion dans un rapport déposé aux archives de l'administration des mines, mais en outre il a indiqué la marche qu'on devait suivre dans la reprise de l'exploitation.

Les guerres de la république et de l'empire ne permirent pas de donner suite aux plans de M. Schreiber. Cependant lorsque Napoléon voulut imprimer l'essor à l'industrie minérale, on songea aux mines de la Gardette, et M. Héricart de Thury fut chargé, en 1805, de faire un nouveau rapport. La conclusion de ce rapport fut également favorable à la reprise des travaux. « Les habitants du hameau de la Gardette, disait M. Héricart de Thury, profitent de l'abandon des travaux ; ils entreprennent, pendant la morte saison, des recherches à leurs frais, et souvent ils obtiennent quelques succès… Le succès des recherches des montagnards prouve qu'on peut y entreprendre des travaux avec avantage ; et, soit que le gouvernement fasse faire des recherches à ses frais, soit que ce soit une compagnie autorisée qui reprenne l'exploitation de cette mine, je proposerais d'adopter la marche indiquée par M. Schreiber. » Des intérêts plus pressants empêchèrent Napoléon de suivre ce nouveau conseil.

La mine de la Gardette attira aussi l'attention du gouvernement de la restauration. M. de Bonnard, inspecteur-général, fut appelé, en 1817, à examiner l'état de cette mine, et ses études le conduisirent à des conclusions conformes à celles de MM. Schreiber et Héricart de Thury.

En 1827, l'administration des mines, voyant que les capitaux se portaient lentement vers l'exploitation de nos richesses minérales, publia un état des mines dont l'exploitation lui paraissait susceptible d'être reprise avec avantage, et elle y indiqua la mine de la Gardette, sur laquelle on possédait des rapports aussi favorables et rédigés par des ingénieurs aussi habiles.

En 1830, la question fut de nouveau examinée; et les conclusions du rapport de M. Beaunier, inspecteur-général, ne furent pas moins favorables que celles de ses devanciers. Le *Moniteur* annonça l'autorisation de la reprise des travaux dans les termes suivants :

« Le gouvernement, qui s'attache avec la plus « active persévérance à développer tous les élé- « ments de la prospérité nationale, vient de lui ou- « vrir une nouvelle source que renferme le sol « même de la France.

« Par ordonnance du roi, en date du 15 février, « la concession des mines d'or de la Gardette « (département de l'Isère) a été accordée à M. « Edouard Van de Velde et comp^e^.

« Les mines de la Gardette, qui ne sont parfai- « tement connues que depuis le beau travail de M. « Héricart de Thury, et le rapport de M. Schrei- « ber, ingénieur en chef des mines, avaient d'abord « été concédées par Louis XVI à son frère, le comte « de Provence, et Napoléon, peu de temps avant « le renversement du trône impérial, avait résolu « de les faire exploiter pour le compte de l'État. »

Avant la dernière reprise des travaux, la compagnie May avait envoyé sur les lieux deux ingénieurs très capables, dont l'un était M. A. Burat. Les rapports qu'ils firent, après des études spéciales, conclurent sans hésitation à l'exploitation immédiate du gîte, en traçaient la marche avec détail, et donnaient même des chiffres considérables pour l'évaluation des produits qu'on devait en retirer (1).

Enfin, M. Graff, qui a étudié avec soin le gîte de la Gardette pendant son séjour dans l'Oisans, a constamment exprimé la meilleure opinion sur ce gîte, et n'élevait aucun doute sur la réussite de l'exploitation.

Quant à nous, nous apporterons plus de réserve dans notre appréciation : nous ne saurions dès aujourd'hui nous prononcer définitivement sur les résultats des recherches et de l'exploitation que l'on entreprendrait ; car, selon nous, les études et les travaux qui ont été faits sont insuffisants pour décider une question aussi grave que celle de la pauvreté ou de la richesse du gîte. Mais s'il est impossible pour des industriels sérieux de se prononcer définitivement sur l'avenir de l'entreprise, il n'en reste pas moins certain, d'après l'opinion des différents ingénieurs que nous avons cités, d'après les résultats qui ont été obtenus dans les travaux, et surtout d'après l'examen approfondi du gîte et de la question économique, que ce gîte se présente dans des conditions assez favorables pour réclamer, nous ne dirons pas une exploitation immédiate, mais bien un ensemble des recherches, dont on ne

(1) Des essais qui furent faits, tout d'abord, par M. d'Hennin, essayeur du commerce, sur un mélange d'échantillons provenant du filon principal, ont indiqué une proportion d'or égale à 55 grammes par 50 kilogrammes. Ces essais sont enregistrés sous le n° 11,593.

pourrait d'ailleurs prévoir les conséquences, si elles étaient heureuses. En sorte que nous n'hésitons point à dire qu'il serait rationnel de reprendre d'une manière convenable les travaux à la Gardette. C'est dans cette persuasion que nous allons décrire sommairement le gîte de la Gardette, indiquer en grand la marche des travaux qu'il conviendrait de suivre, et donner un devis approximatif des dépenses auxquelles ils entraîneraient.

Description sommaire du gîte de la Gardette.

La mine de la Gardette est située au-dessus et près du hameau de ce nom, à 6 kilomètres sud du Bourg-d'Oisans, dans la montagne dite de Villard-Eymond. Cette montagne, qui forme l'encaissement nord de la vallée du Bourg-d'Oisans, est élevée de 1,290 mètres au-dessus du niveau de la mer, et environ de 550 au-dessus de la vallée. Des pentes de la Gardette on aperçoit la montagne des Challanches et les mines d'Allemont, dont l'exploitation, quoique laissant beaucoup à désirer sous le rapport de sa direction, a fourni plus de deux millions et demi d'argent. Au reste, on trouve dans les environs de la Gardette des affleurements qui attestent la nature essentiellement métallifère du pays.

La montagne de Villard-Eymond, dont les pentes sont très abruptes, est composée, dans toute sa partie sud, de protogyne plus ou moins schistoïde (gneygine, gneiss talqueux), et plus ou moins quartzeuse. Cette roche, dans laquelle le mica remplace souvent le talc, est d'un bleu verdâtre, elle affecte la structure largement fragmentaire, et présente plutôt une fissilité variable suivant les divers points qu'une véritable stratification. Les strates de cette protogyne, qui a beaucoup de rapports avec le gneiss, sont dirigés sensiblement du N.-N.-O. au S.-S.-E. sous une inclinaison très variable, mais dont la moyenne est comprise entre 30° et 40°. La protogyne est recouverte par des roches calcaires plus ou moins charbonneuses et généralement d'un gris noirâtre. Ces roches calcaires qui appartiennent au lias et qui constituent toute la partie N. au-delà du Bourg-d'Oisans, sont très bien stratifiées, quelquefois même feuilletées de manière à pouvoir servir pour la couverture des maisons, et se présentent en stratification discordante avec la protogyne.

On a reconnu dans la protogyne de la Gardette au moins trois filons, dont deux se sont montrés métallifères; mais leurs rapports d'allure n'ont pas encore été parfaitement déterminés.

Le filon aurifère, qui est composé de quartz compacte ou cristallin, se trouve encaissé, comme les autres, dans la protogyne, dont il coupe les strates. Sa direction a lieu de l'O.-N.-O. à l'E.-S.-E., vers 7 heures 5/8 de la boussole du mineur, coupant ainsi la montagne de Villard-Eymond suivant une direction à peu près parallèle à la vallée. Son inclinaison est de 75° à 80° au S. Sa longueur et sa profondeur sont inconnues. Enfin, sa puissance ou son épaisseur varie entre 0m,50 et 0m,90.

L'inclinaison du filon jusqu'à la profondeur de

80 mètres n a subi que deux variations insignifiantes : la première consiste en un rejet de 15 à 20 centimètres, qui a lieu vers la surface, et qui ne change ni la direction ni l'inclinaison; la seconde, reconnue à 62 mètres de profondeur, a été occasionnée par une petite faille, remplie de minerais de plomb, de zinc et de cuivre, qui a rejeté le filon vers l'ouest-nord-ouest d'environ trois mètres. L'inclinaison a un peu augmenté sans que la direction ait varié. Lorsque la galerie Gueymard fut arrivée à l'extrémité de la protogyne, le filon se divisa, dans le calcaire dolomisé, en trois petites veines contenant de la galène un peu aurifère.

En somme, le filon de la Gardette est remarquable par la régularité de son allure, car à peine si, sur toute l'étendue que les travaux ont mise à découvert, on a pu constater dans la protogyne quelques légères variations, qui ne troublent d'ailleurs en rien la direction et l'inclinaison générales. C'est cette constance qui a fait dire, à M. Héricart de Thury, qu'il était difficile de voir un filon se conduire d'une manière aussi régulière et aussi bien déterminée que celui de la Gardette. Enfin l'allure de ce filon, qui a été exploré çà et là sur une longueur de 500 mètres environ, porte à croire qu'il s'étend extrêmement dans la protogyne, suivant sa direction et son inclinaison.

De distance en distance, on rencontre des renflements dont l'intérieur est tapissé de prismes de quartz hyalin; ce sont de véritables poches à cristaux, d'où l'on a retiré de magnifiques échantillons.

A part cet accident, le quartz est compacte ou rubané et offre peu de variétés dans sa structure.

L'or natif se loge de préférence dans un quartz fuligineux, bleu-noirâtre, miroitant, très reconnaissable à son faciès, et que les mineurs soumettent à un triage minutieux. On le rencontre aussi dans la variété rubanée, et l'on a remarqué que les posées les plus riches étaient ramassées dans les étranglements du filon résultant du rapprochement des deux parois, qui s'étaient accidentellement écartées par suite de renflements. C'est à cette observation et aux idées reçues dans la théorie des filons (que les fentes ont été remplies de bas en haut par des émanations métalliques) que les exploitants ont obéi, en dirigeant leurs travaux vers la partie supérieure, espérant ainsi que vers le contact de la protogyne et du lias superposé, l'or se serait condensé comme dans un tube fermé. Le résultat des recherches, loin de confirmer ces inductions, aurait plutôt démontré le contraire. D'un autre côté, MM. Coquand, E. Dumas et Tissier ont pensé, non sans raison, que les premières recherches ayant constaté la coexistence de l'or et de plusieurs autres substances (plomb et zinc sulfurés, cuivre et fer sulfurés, etc.) plus volatilisables que lui, il fallait admettre, d'après ce fait et l'immense profondeur du filon, que l'or doit se trouver en plus grande abondance dans la partie inférieure. Suivant eux, la galerie May, poussée beaucoup plus bas que les autres travaux, devrait, lorsqu'elle sera terminée, donner des résultats plus satisfaisants que ceux qui ont été obtenus jusqu'à présent (1). C'est également l'opinion de plusieurs autres ingénieurs ou naturalistes qui ont visité la mine.

Le quartz du filon de la Gardette sert de gangue à un très grand nombre de substances métalliques; ce sont : le plomb sulfuré, le plomb phosphaté, le plomb arseniaté, le plomb oxydé terreux, le cuivre gris argentifère, le cuivre sulfuré, le cuivre arseniaté, le cuivre carbonaté vert ou bleu, le fer spathique, le fer sulfuré, le fer oxydé, le manganèse oxydé aciculaire, le tellure, enfin l'or natif sous les formes les plus variées.

Ces diverses substances sont séparées, ou associées deux, trois, quatre et même cinq ensemble; plusieurs sont des combinaisons aurifères, et elles présentent cet avantage que la présence de l'or est, en quelque sorte, indiquée au mineur par les associations et les minéraux qu'il rencontre.

L'or se trouve tantôt disséminé à l'état natif, c'est-à-dire à l'état de pureté parfaite, tantôt allié à d'autres substances métalliques, qui sont surtout le tellure et le cuivre gris argentifère.

Voici les états et les formes sous lesquels il s'est présenté :

I. OR NATIF OU SANS MÉLANGE.

1° *Or natif octaèdre.* Les cristaux sont implantés les uns sur les autres, au point que souvent il est difficile de juger de leur forme.

(1) Bulletin de la société géologique de France, vol. II, p. 423.

2° *Or natif ramuleux.* Il forme des ramifications ou dendrites, dont les mieux prononcées paraissent composées de petits octaèdres implantés les uns sur les autres.

3° *Or natif capillaire.* Il se trouve en filaments déliés dans les cristaux de quartz.

4° *Or natif lamelliforme.* Il présente des lames, tantôt planes et tantôt contournées, dont la surface parfois est réticulée, mais plus souvent chagrinée.

II. OR NATIF APPARENT ET ASSOCIÉ A D'AUTRES MÉTAUX.

1° *Or natif ramuleux et capillaire.* Il se rencontre dans des cristaux de plomb sulfuré. A la cassure, on voit des ramifications et des filaments d'or d'un jaune brillant.

2° *Or natif granulifère.* On le trouve dans le plomb sulfuré.

3° *Or natif dans le zinc sulfuré.*

III. OR NATIF ALLIÉ ET VOILÉ DANS D'AUTRES MÉTAUX.

1° *Or natif dans un mélange de plomb, de cuivre et de zinc sulfurés.*

2° *Or natif dans le cuivre gris argentifère, avec du cuivre carbonaté vert ou bleu épigénique.*

3° *Or natif dans le fer sulfuré.*

4° *Or natif dans le zinc, le plomb et le cuivre sulfurés, recouvert de cuivre arseniaté.*

5° *Or natif et tellure en aiguilles.*

6° *Or natif dans le fer oxydé, dans le plomb phosphaté, et dans le manganèse oxydé.*

IV. OR NATIF SUR DIVERSES GANGUES TERREUSES OU PIERREUSES.

1° *Or natif dans le quartz hyalin limpide.*
2° *Or natif dans le quartz hyalin enfumé.*
3° *Or natif dans le quartz hyalin noir.*
4° *Or natif sur du quartz hyalin avec de la baryte sulfatée.*
5° *Or natif sur du quartz hyalin et de la chaux carbonatée.*

Indication sommaire des travaux à faire pour la Gardette.

Après avoir étudié tous les documents fournis par les différentes personnes qui se sont occupées du gîte de la Gardette, pesé les diverses opinions, examiné les lieux ainsi que les travaux, et apprécié les résultats obtenus jusqu'à ce jour, nous avons reconnu que les travaux qu'il conviendrait d'exécuter, pour décider les questions touchant le gîte de la Gardette, tant sous le rapport de l'or que sous celui des autres métaux, sont de quatre sortes. Les uns devraient avoir pour objet des études et des recherches à la surface, mais principalement dans l'intérieur et à une assez grande profondeur; d'autres devraient avoir pour but l'exploitation directe du filon aurifère, à divers niveaux. Ces deux premiers genres de travaux sont des travaux de reconnaissance et de mine proprement dits. Le troisième genre de travaux comprend ceux qui consisteraient à faciliter les travaux souterrains ou de surface. Enfin, les derniers travaux auraient pour objet d'étudier avec soin les questions de traitement et de rendement des minerais extraits, en tirant parti des différents produits de l'exploitation.

La majeure partie des travaux superficiels et souterrains de mine sont en quelque sorte tracés; le reste le serait après une étude plus approfondie du gîte. Dans tous les cas, les documents que l'on possède déjà et l'art du mineur se joignent ici pour démontrer la nécessité d'attaquer le filon aurifère par des travaux qui embrasseraient une grande étendue, et qui permettraient de constater rigoureusement son régime, sa composition et sa richesse, sur un grand nombre de points, tant dans les parties supérieures que dans la profondeur, afin que l'on puisse ensuite développer les travaux sur les points les plus avantageux à exploiter. Néanmoins il serait nécessaire qu'une étude préliminaire très complète fût faite, pour ne pas trop multiplier les travaux et surtout pour éviter ceux qui n'apprendraient rien.

Il faudrait profiter autant que possible des travaux exécutés, qui sont assez bien conservés et qui peuvent être rétablis à peu de frais. Ainsi, les travaux de mine devraient être pratiqués dans deux parties différentes: les uns dans les anciens travaux, les autres dans les parties vierges du gîte.

Un certain nombre de points se sont montrés très aurifères. Ces points devraient donc être l'objet de recherches spéciales et même d'une exploitation immédiate. Dès lors les puits et les galeries qui présentent de l'intérêt devraient être déblayés, les échelles rétablies; on installerait les treuils d'extraction, etc.; puis l'exploitation serait reprise, en laissant les massifs de quartz pauvre pour soutenir le toit.

Cette tentative d'exploitation serait d'ailleurs régularisée et développée du côté de Villard-Eymond, où le filon devrait être poursuivi au moyen d'une galerie d'allongement suivant sa direction.

Mais le point essentiel serait de porter les recherches et l'exploitation dans les parties inférieures (toutefois sous les conditions d'économie indispensables au bon aménagement des travaux), afin de pouvoir explorer un champ encore inconnu et de savoir si réellement la richesse augmente avec la profondeur, comme on le suppose aujourd'hui et comme il résulterait des derniers travaux; car l'avenir d'une nouvelle entreprise dépend entièrement de la solution de cette question. C'est pourquoi il faudrait terminer la galerie de coupement, qui a été percée dans la protogyne, sur la pente de la montagne et à une distance verticale de cent et quelques mètres au-dessous du puits principal, de manière à atteindre le filon à environ 150 mètres au-dessous du niveau moyen des affleurements.

Cette galerie, qui doit avoir 146 mètres de longueur, en a déjà 80. Puis, à l'extrémité de la galerie de coupement, il faudrait faire une galerie de direction, à droite et à gauche, suivant le filon, pour l'explorer et l'exploiter sur une longueur de 100 mètres au moins. Cette galerie d'allongement formerait ainsi un second niveau d'exploration et d'exploitation, qui se lierait par des puits avec le niveau supérieur, c'est-à-dire avec les anciens travaux que nous comprenons tous dans un premier niveau. De plus, cette galerie d'allongement avec celle de coupement auraient l'avantage de servir à la fois de galeries d'écoulement pour les eaux, et de roulement pour les déblais et la sortie des minerais. Mais la grande galerie de coupement n'ayant pas été, selon nous, ouverte à un niveau assez inférieur, il faudrait encore foncer un bure jusqu'à 80 mètres environ, à l'extrémité ou dans le voisinage de cette galerie et suivant le filon. Enfin il conviendrait de faire au fond du bure une galerie de direction de 50 mètres, suivant le filon, dans le but d'avoir un troisième niveau d'exploration et d'exploitation.

D'autre part, on reprendrait les galeries qui ont été arrêtées au calcaire dolomisé, et on les poursuivrait dans cette roche pour y étudier le régime du filon et sa richesse, conformément à l'opinion exprimée par divers ingénieurs, notamment par M. de Bonnard.

Il faudrait également explorer et exploiter en divers points les salbandes et le pourri, s'il y en a, dans le but de connaître leurs richesses. Ce travail qui n'a jamais été fait, fournit dans beaucoup de mines les parties les plus avantageuses.

Afin de donner une idée nette de ces divers travaux et de ceux qui ont été pratiqués, nous présentons, dans les plans et les coupes, le tracé des anciens travaux et de ceux que nous proposons d'exécuter. Les premiers sont figurés par des lignes doubles, les seconds par des lignes simples.

Les travaux du jour, nécessaires pour seconder les recherches et l'exploitation, comprendraient d'abord le tracé de chemins et l'amélioration de ceux qui existent déjà. Quant au chemin principal, celui qui conduit du Bourg-d'Oisans à la mine, il a été refait par la commune dans le courant de juillet dernier. Quarante hommes, sous la conduite des agents voyers, ont dû y travailler pendant quatre jours chacun, et le rendre très praticable pour les transports à dos de mulet et même avec des charriots. En sorte qu'il resterait peu de travaux à y faire, si même il était nécessaire, pour le service de la mine, d'y ajouter quelques améliorations. D'ailleurs, il serait peut-être avantageux d'établir, comme nous l'avons déjà dit, un système de transport plus économique et plus convenable au moyen de plans inclinés. Il faudrait aussi remettre en bon état et mieux approprier les constructions qui existent, la forge avec son outillage, la poudrière, les magasins, etc.

Enfin, une petite usine deviendrait indispensable pour le traitement du minerai Le minerai serait d'abord trié et classé sur le carreau de la mine; puis tout ce qui contiendrait en quantité suffisante l'or, le tellure, et le cuivre gris argentifère, serait porté à l'usine pour y être bocardé, lavé et traité. Les autres minerais seraient également soumis à un choix et à des préparations mécaniques, afin d'en pouvoir ensuite tirer le meilleur parti, soit en les vendant, soit en les traitant dès qu'on aurait des usines convenables.

Le traitement de l'or varie suivant les minerais : dans des cas, on emploie le procédé par l'amalgamation (1); dans d'autres, c'est-à-dire lorsque l'or est allié aux divers minerais d'argent, de cuivre, de plomb, etc., on se sert du procédé par la liquation, la coupellation et le départ. Mais il importe de faire observer que les procédés métallurgiques, qui ont été généralement employés jusqu'ici, seraient probablement, sinon changés, du moins modifiés d'après les progrès qui ont eu lieu dernièrement pour le traitement des minerais aurifères.

L'usine dans laquelle la compagnie May s'était proposé de faire toutes ses opérations, devait se composer d'une roue hydraulique mettant en mouvement un grand bocard sur grilles à dix flèches, de deux tables à secousses, d'un bocard fermé à trois flèches pour l'amalgamation, du laboratoire, enfin, de la fonderie pour les opérations de distillation et de départ. Mais on conçoit que, pour des essais, il ne faudrait pas établir l'usine sur une aussi grande échelle, et que le plan de la société May devrait être modifié notablement dans ses détails. Néanmoins, il serait indispensable de dispo-

(1) Voici le procédé qui a été le plus généralement suivi. On broie la gangue aurifère, dans un mortier plein d'eau avec une certaine quantité de mercure; on décante ensuite l'eau, qui entraîne les matières terreuses et pierreuses ; le mercure ayant dissous l'or, on le sépare de la gangue broyée; puis, après l'avoir passé dans une peau de chamois pour concentrer l'amalgame, on le distille dans des cornues, et il ne s'agit plus que de le couler en lingots.

ser l'usine et ses appareils de manière qu'en cas de succès ils pussent être augmentés, sans rien changer, suivant les développements de l'opération.

Depuis longtemps des études avaient été faites pour examiner la localité la plus favorable à l'établissement de cette usine. Le choix s'est porté sur un endroit situé près du Bourg-d'Oisans et nommé Sartène, où il existe une chute d'eau de 25 mètres au moins. Un moulin y est déjà établi; mais il ne prend qu'une partie de l'eau; et il reste une force plus que suffisante pour le mouvement dont l'usine a besoin; en sorte que nous ne saurions qu'approuver le choix de Sartène. Au reste, quoique le choix de l'emplacement pour une usine soit chose très importante dans une entreprise, on ne serait jamais embarrassé de trouver des emplacements favorables dans le pays. La principale question consiste à établir les usines dans des positions qui soient en rapport convenable avec l'ensemble des exploitations, afin de ne pas trop multiplier les établissements et de diminuer différents frais.

Les ingénieurs qui furent chargés de fournir à la dernière société le plan des travaux d'exploitation et de traitement, avaient proposé d'exploiter complètement le filon, et de soumettre, après un triage sur le carreau, toutes les parties qui en proviendraient aux traitements mécaniques et métallurgiques. Voici, d'après le rapport de la société May, en quels termes ils s'exprimaient :

« La quantité de matière extraite des ouvrages « souterrains sera de 1,600 mètres cubes, ainsi qu'il « vient d'être expliqué; sur cette quantité, 700 mè-

« tres cubes à peu près proviendront du filon et « seront de quartz plus ou moins métallifère : ce « sont ces 700 mètres cubes de quartz, pesant « 1,750,000 kilog., qui seront triés et soumis en- « suite au traitement.

« Ainsi, pour que les dépenses de l'année soient « couvertes, il suffira que le quartz extrait de la « mine contienne 33 kilog. d'or sur 1,750,000 kil., « ou seulement un cinquante-trois millième de son « poids (33 kilog. d'or, au prix de 3,434 fr. le « kilog., font plus de 113,000 fr.). Tout ce qui sera « trouvé d'or au-dessus de cette minime proportion « viendra en bénéfice de l'exploitation. On peut « juger d'après cela quels résultats on a droit d'es- « pérer, pour peu que le filon présente quelques « parties riches dans le vaste champ d'exploitation « qu'on se propose d'embrasser. Si l'on suppose, « par exemple, que le quartz extrait contienne « 100 kilog. d'or, ce qui ne représente qu'un dix- « huit millième environ de son poids, le produit « brut sera de 343,000 fr., et le produit net de « 230,000 francs.

« En évaluant le rendement en or à 200 kilog., « ou à la neuf-millième partie du quartz extrait, on « arriverait à un produit brut de 686,000 fr., et à « un produit net de 573,000 francs. »

Pour le moment, nous n'acceptons pas la manière d'opérer qui a été indiquée par ces ingénieurs : d'abord, parce que l'or n'est pas en teneur constante ni régulière dans le filon ; ensuite, parce qu'une semblable marche dans l'opération pourrait entraîner à des dépenses infructueuses. Il y a dans le filon de la Gardette, comme dans tous les filons aurifères, platinifères ou argentifères, des parties riches, des parties pauvres, et même des parties complétement stériles. Il faudrait donc éviter d'exploiter, encore plus de bocarder et de traiter les parties trop pauvres ou stériles, à moins qu'on n'eût dans le voisinage une fabrique de glace, de verre, etc., où le quartz pourrait être avantageusement utilisé. Cependant, comme pour une entreprise qui commence il est de bonne économie de ne rien négliger, ni idées, ni moyens, afin d'atteindre le but qu'on se propose, on devrait essayer d'exploiter et de traiter le filon sur une petite échelle, d'après le système indiqué par les ingénieurs dont nous venons de parler.

Il s'agirait donc d'étudier, au moyen de travaux de recherches, le filon sur une étendue suffisante, et à diverses profondeurs; d'étendre aussi cette étude aux salbandes et dans le calcaire dolomisé; de reconnaître même, à certains caractères empiriques que dévoilerait l'expérience, les parties les plus riches, soit dans le filon, soit vers les salbandes, soit dans les fissures, etc.; enfin, d'exploiter et de traiter celles qui présenteraient assez d'avantages.

S'il est possible de prévoir aujourd'hui les dépenses annuelles de l'exploitation sur une certaine échelle, il ne l'est pas d'évaluer les produits, puisqu'ils dépendent de la richesse des parties qui seront extraites des filons. Mais il semble qu'il serait extraordinaire que, dans une contrée aurifère aussi étendue, et dans un gîte comme celui de la

Gardette, il n'y eût pas des parties d'une exploitation avantageuse, soit pour l'or, soit pour d'autres métaux ; toute la difficulté paraît être de les découvrir à peu de frais.

Devis sommaire des dépenses pour les recherches et le commencement d'exploitation, ainsi que pour les préparations mécaniques et les traitements métallurgiques des minerais du gîte de la Gardette.

Au moyen des comptes détaillés des travaux qui ont été faits, comptes que M. l'ingénieur en chef-directeur de la contrée a eu l'obligeance de nous communiquer, on sait exactement le prix auquel revient le mètre courant à la surface, dans les galeries et puits respectifs. On peut donc établir un devis exact ; tout dépend du développement que l'on voudrait donner aux travaux. En somme, voici le tableau des dépenses que nous proposerions de faire pour trancher la question du gîte de la Gardette :

Frais d'installation, matériel, réparations des anciens travaux, des établissements, des chemins, etc. .... 4,000 fr.

Exploration et exploitation dans les anciens travaux (suivant les filons dans la protogyne et le calcaire dolomisé)......................... 4,000

Achèvement de la grande galerie percée presque perpendiculairement

A reporter... 8,000 fr.

Report...	8,000 fr.
à la direction du filon aurifère, et à 150 mètres, environ, au-dessous de la tête du filon, pour couper celui-ci, l'explorer et l'exploiter dans sa profondeur : longueur de la galerie 146 mètres ; partie faite, 80 mètres, 63 centimètres ; partie à faire, environ, 66 mètres à 80 francs en moyenne le mètre courant (1).....	5,280
Percement de deux galeries suivant la direction du filon, à l'extrémité de la grande galerie de coupement, pour explorer le filon sur une longueur de 100 mètres et pour l'exploiter en partie ; à 70 francs le mètre courant......................	7,000
Foncement d'un bure suivant le filon, à l'extrémité de la grande galerie de coupement, pour explorer et exploiter le filon à une plus grande profondeur que celle de la galerie ; à 90 fr. le mètre courant, 30 mètres..	2,700
Percement de deux galeries suivant la direction du filon, au fond du bure ; à 85 francs le mètre courant, 50 mètres.....................	4,250
A reporter...	27,230 fr.

(1) Le mètre courant, d'après les comptes qui nous ont été fournis par M. Gueymard, n'a coûté que 77 fr. 67 c. en moyenne.

Report...	27,230 f. »
Exploration et exploitation des salbandes et du pourri à diverses profondeurs, depuis les anciens travaux superficiels jusqu'au niveau le plus inférieur de divers travaux, surtout vers les points les plus aurifères....	1,200 »
Usines des préparations mécaniques et des traitements métallurgiques. Ces dépenses sont déjà comprises dans les devis relatifs aux mines d'argent, de cuivre, de plomb et de zinc.	
Total....	28,430 f. »

CHAPITRE VI.

DES MINES DE FER.

Nous ne mentionnons les gîtes de minerais de fer que pour mémoire. Ces minerais sont à l'état de limonite, d'oligiste, de sidérose et de pyrite. Tantôt ils constituent des gîtes de minerais de fer proprement dits, tantôt ils accompagnent d'autres minerais dans les gîtes respectifs de ceux-ci. L'exploitation des mines de fer proprement dites ne doit pas être réunie à celle des mines d'argent, de cuivre, de plomb, de zinc et d'or ; car pour devenir avantageuse elle nécessiterait des travaux de mines considérables, ainsi qu'un grand développement d'usines, et par conséquent des capitaux trop importants pour le produit qu'elle donnerait. Mais les minerais de fer qui accompagnent les autres minerais dans leurs gîtes respectifs, doivent entrer en ligne de compte dans les produits de l'exploitation des mines de cuivre, de zinc, de plomb, etc. En effet, dans l'exploitation des mines de cuivre, de zinc, de plomb, etc., on est généralement obligé d'extraire les minerais de fer en même temps que les autres minerais, puisque les minerais de fer accompagnent souvent ceux-ci ou leur servent de gangue dans les gîtes réguliers, et qu'on a besoin d'une certaine quantité de minerais de fer pour le traitement de quelques autres minerais. Il faudra donc tirer le meilleur parti de l'excédant des minerais de fer, nécessaire au traitement des autres minerais, en le vendant, après le bocardage, le lavage et la séparation, soit aux fonderies des environs, soit aux fabriques de produits chimiques.

CHAPITRE VII.

DEVIS GÉNÉRAL ET CONCLUSIONS.

Devis général des dépenses pour les mines et les usines, pour les frais généraux, pour le roulement, etc.

Résumé des dépenses relatives à la mine d'argent du Chapeau (page 59)....	78,000 f. »
— Relatives aux autres mines d'argent (page 64)......	10,000 »
— Relatives aux mines de cuivre (page 72)..........	47,000 »
— Relatives aux mines de plomb (page 85)........	53,000 »
— Relatives aux mines de zinc (page 99).............	51,000 »
— Relatives aux mines d'or (page 141)............	28,430 »
Réserve pour le développement de l'exploitation des mines qui se	
A reporter...	267,430 f. »

Report...	267,430 f. »
présenteront dans les meilleures conditions....................	20,000 »
Réserve et imprévu pour les usines...........................	5,000 »
Acquisition de propriétés pour le service des mines, des usines, etc. (1).	10,000 »
Indemnités pour les cours d'eau.	4,000 »
Constructions diverses non comprises dans les devis des mines et usines...........................	10,000 »
Locations de terrains et de bâtiments; indemnités aux propriétaires de la surface, etc., pendant les trois premières années................	6,000 »
Impositions, droits fixes, etc. à payer au gouvernement, pendant les trois premières années...........	1,500 »
Frais généraux de l'administration à Paris et à Vizille, pendant les trois premières années (2).............	58,000 »
Frais généraux de la direction des travaux, tant à Paris que sur les lieux, pendant les trois premières	
A reporter...	381,930 f. »

(1) Il y en a déjà à la Gardette.

(2) 1° A Paris · Appointements de l'agent principal, d'un teneur de livres, d'un commis et d'un garçon de bureau ; loyer, mobilier, chauffage, éclairage, impositions, patentes, assurances; frais de bureau, de correspondance, etc.

2° A Vizille : Appointements de l'agent d'administration ; frais de bureau, de correspondance, etc.

Report...	381,930 f. »
années (1)......................	75,000 »
Frais de voyages extraordinaires et de tournées ordinaires par l'agent principal, par le directeur des travaux et par les autres employés, pendant les trois premières années....	12,000 »
Service des usines pendant six mois...........................	36,000 »
Divers et imprévu.............	10,000 »
Total.......	514,930 f. »

Telle est approximativement la dépense totale qu'occasionneront les mines et les usines, d'après le plan que nous avons esquissé à grands traits ; mais on conçoit aisément que les sommes qui composent les devis élémentaires et le devis général, varieront nécessairement un peu dans leur répartition.

Les devis ne comprennent que les dépenses ; pour établir ceux des produits, il faudrait avoir préparé convenablement les travaux d'exploitation, avoir construit les usines et avoir marché régulièrement pendant un certain laps de temps : autrement tout devis est idéal. Nous savons que l'on n'a

(1) 1° A Paris : Appointements du directeur des travaux et d'un dessinateur-copiste, frais de bureau et de correspondance.

2° Sur les lieux : Appointements d'un ingénieur-directeur-adjoint, d'un sous-ingénieur pour les mines, d'un sous-ingénieur pour les usines, d'un sous-ingénieur-adjoint pour les mines et les usines, de 3 ou 4 contre-maîtres, et de 1 ou 2 surveillants-payeurs; frais de laboratoire, de bureau, de correspondance, etc.

pas l'habitude de procéder ainsi ; mais, partant de ce principe que l'évaluation des produits doit être, comme celle des dépenses, établie d'après des données positives, et que l'on ne peut pas apprécier plus exactement une opération en réduisant les chiffres qu'en les élevant, nous avons préféré nous abstenir de faire un devis des produits. D'ailleurs, il suffit, pour le moment, de savoir que l'opération se présente dans les meilleures conditions et qu'avec une bonne direction les dépenses ne dépasseront pas la somme de 514,930 fr. : chercher à prouver davantage dès aujourd'hui, serait s'exposer à être en deçà ou au-delà de la vérité.

CONCLUSIONS.

Il résulte des détails qui ont été exposés dans cette note et d'un examen plus approfondi des principales questions, qui se rattachent aux gîtes métallifères de la partie des Alpes dont nous avons parlé, en admettant toutefois que les recherches et les exploitations soient conduites avec sagacité, et que l'on apporte dans les traitements l'intelligence et la maturité nécessaires;

Deux faits :

1° Une opération certaine et dans le genre des bonnes affaires des mines;

2° Une opération éventuelle, qui peut donner des résultats tels qu'on ne saurait dès à présent en apprécier l'importance.

Mais le point essentiel, c'est qu'avec une somme restreinte, comparativement à celles que l'on est ordinairement forcé d'engager dans les entreprises de mines et d'usines, on peut fonder une grande et fructueuse exploitation.

Nous faisons donc des vœux pour que, dans cette partie de notre territoire, l'industriel sérieux porte désormais une main à la fois aussi assurée et aussi prudente que la nature y a déployé de vigueur, de richesses et de grandeur : l'un et l'autre doivent s'y montrer à la même hauteur.

Paris, 15 octobre 1850.

FIN.

Paris.— Impr. Lacour et Ce, r. Soufflot, 11, et r. St-Hyacinthe-St-M., 31.

www.ingramcontent.com/pod-product-compliance
Ingram Content Group UK Ltd.
Pitfield, Milton Keynes, MK11 3LW, UK
UKHW021151260726
13994UKWH00001B/397